武藤類子

10年後の福島からあなたへ

大月書店

はじめに

うっすらと雪に覆われた真冬の阿武隈《あぶくま》高地。一羽のジョウビタキが枝を渡りながら餌《えさ》をついばんでいる。見上げると、やがて花や葉となるだろうたくさんの固い芽が、その時を待っている。

また春はめぐってくる。10年目の3・11がめぐってくる。

原発事故を経験したそれぞれにとって、それはどんな10年だったのだろうか。振り返ってみても私には、長いといえばそうでもないし、短いといってもそうでもない。リアルな日々であったような、遠い夢の中を生きてきたような、はっきりとしない時間に感じる。時間軸が狂ってしまったように、起きたできごとや出会った人の時期がごちゃごちゃになっている。生きるステージが突然変わってしまい、それを自分に無理やり受け入れさせる日々を、私もだが、被害を受けた多くの人々が送ってきただろう。

10年を経て、失ったものへの懐かしさに胸がえぐられる。時とともに深く、激しく。

この10年間、福島原発事故を体験した者として、事故の責任追及を続けているひとりとして、多くの方に話を聞いていただき、文章として読んでいただいた。この本には２０１２年５月から２０２０年３月まで、さまざまなところに書いた文章を収録した。みずから読み返してみても、あまりにも多くのことが解決せずに、あるいはますます悪化してゆく現実があることに茫然としてしまう。

こんな絶望的な現実の中では、目を閉じ耳をふさぎたくなってしまうかもしれない。でも、まやかしの「夢」や「希望」に惑わされないためには、一度この絶望を、目を凝らして見つめなければならない。こんなにも理不尽なこと、酷《ひど》いこと、絶望的なことが起きているのだということを認めたうえで、その中に光を見出せると信じて、あきらめずに抗《あらが》いつづけたい。

10年後の福島からあなたへ　目次

初出媒体および年月は見出しの後に示しました。
記述内容はそれぞれの執筆時点でのものです。

何が豊かな暮らしなのか、どれが一人ひとりが幸せになれる価値観なのか

（２０１２年５月、シカゴ大学での講演）

大震災と津波にともなう原発事故から1年以上が経ちました。私は事故の前まで福島原発から45キロメートルの山の中で小さいカフェを経営していました。とても静かで自然の恵みがたくさんある美しいところでした。しかし原発事故で私の生活はすっかり変わってしまいました。原発事故が起きた後、どのようなことが起きたのかを少しお話しします。

3月11日、地震と津波が襲った後、原発に制御棒が入り停止したとラジオで流れました。しかし夕方になってから、原子炉を冷やすための電源をすべて失ったとのニュースが流れました。私は、それが何を引き起こすか少しだけ知識があったので、これは大変なことになったと思い、近くの友人の家を回り、避難を勧め、自分たちも車で避難をしました。しかしこの時点で住民には、国からの指示は何もありませんでした。夜になってから、原発

から3キロメートル以内の人々の避難が始まりました。翌日に1号機が爆発、避難区域は20キロメートルまで拡大されました。津波に襲われた人々の中で、まだ生存していた人もいました。でも捜索隊も避難を余儀なくされ、救出に行くことはできませんでした。

避難区域の中にはたくさんの家畜やペット、生き物たちが残されました。避難の途中で多くのお年寄りが亡くなりました。高齢者や障害を持つ人々は、避難そのものも、避難所での生活でも、大変な困難を強いられました。

そんな中、日本の政府がしたことは、SPEEDI*の情報や原子炉のメルトダウンについて国民に知らせないこと。それから、事故を矮小化《わいしょうか》させようと安全キャンペーンを張ったこと。放射線量の高い地域から順に、放射線健康リスク管理アドバイザーという人たちが「大丈夫です。安心しなさい」と言って県内をくまなく回りました。さらに、年間に許容できる放射線量や食品基準値を緩めました。

それによって、市民に起きたことは、

・被曝《ひばく》リスクの軽減に有効とされる安定ヨウ素剤はほとんど配られませんでした。
・放射線の値がより高いところへ避難してしまいました。
・外で地震の片付けをしました。

・子どもと一緒に、給水車や公衆電話の列に長い時間並びました。
・外での部活がすぐに始まりました。
人々はどの情報を信じたらよいのか迷い、やがて分断されていきました。
・飲み水を心配した親が学校に水筒を持たせたところ、皆が持ってきていないから水道の水を飲むようにと注意されました。
・自分だけが安全な場所に避難するのは嫌だ、お友達はどうなるのと泣いた中学生がいました。
・仕事や家のローンを抱え、父親は福島に残り、母子が他県に避難し、バラバラの生活をしている家族がたくさんあります。
・ある街には、巨大な室内遊戯場ができ、中にはジャングルジムやブランコ、砂場があります。子どもたちは楽しそうに遊んでいますが、そこには太陽の光も涼しい風も、鳥の声もありません。

＊ＳＰＥＥＤＩ……「緊急時迅速放射能影響予測ネットワークシステム」の略。原発事故の際に放射性物質の拡散を気象条件などに基づき予測するものだったが、３・11原発事故では試算結果が公表されず、住民の避難には役立てられなかった。米軍には提供されていたことがのちに判明した。

・町や村のあちこちに、ふしぎな形のモニタリングポストができました。刻々の空間線量が表示されています。

そして1年が経ち、政府はそれがまるで唯一の被曝低減策であるかのように、除染に莫大な予算を投じました。そして、福島第一原発立地町以外の自治体は、避難した人々に帰還を呼びかけています。

・人々の自主的に避難する権利や保養については、何の支援もありません。

・除染は、大手ゼネコン会社が利権をにぎっています。一方で、実際に被曝をしながら作業するのは事故で家や仕事を失った人たちです。または、住民の手によるみずからの地域の除染です。その効果はあまり思わしくはありません。また、「がんばろう福島」のスローガンのもとに復興が叫ばれています。郷土を思う気持ちはわかりますが、私にはその叫びはとてもむなしく響くのです。

・ある市では、今年4月から、学校における野外活動の制限が解除されました。

・幼児も観戦するマラソン大会や、小学生の鼓笛パレードも外で開催されます。

・他県の中学生が、海岸地域の瓦礫《がれき》の片付けのボランティアに来ました。

・安全キャンペーンは姿や規模を変えて、小さな集まりやがん撲滅のための集会などに、もぐり込むように進められています。

・学校給食の食材卸《おろ》し業者による産地偽装事件も起きました。

・政府は、食品について独自の厳しい基準を設けているスーパーなどに対し、過剰な規制は混乱のもとになると、暗に圧力をかけています。

国の無策が人々をさらに差別と分断に落ち込ませます。

・障害を持つ子どもがいるシングルマザーは、他地区への避難や保養が難しく、子どもを被曝させつづけているという罪悪感に苦しんでいます。

・放射能に関心を持ち、避難や防護を訴える人々は「気にしすぎる人」と言われます。

・避難区域や補償の線引きのために、人々の関係は断ち切られていきます。

・人々は子どもたちの健康被害を心配しています。あらゆる防護が必要です。しかし一方で、障害を持つ人々は、放射能による新たな差別や分断に危機感を募らせています。

・電力の不足を理由に、止まっている原発の再稼働が叫ばれ、さらには経済発展のために原発の輸出がされようとしています。

しかし、今年の3月と4月には、ふたたび地震が頻発していて、圧力容器の中ではなく、爆発のために傾き、むき出しになったプールの中に燃料棒が入っている4号機の崩壊を誰もが心配して暮らしています。

人々は翻弄《ほんろう》され、傷つき、疲れ果て……やがて放射能への警戒を手放していきます。ここで生きていくしかないのだから、もう何も聞きたくないと耳をふさぎます。

人々の分断はあらゆる部分に、放射性物質が入り込むのと同じように入り込んでいきます。昨年暮れに日本政府は福島原発事故の収束宣言をし、メディアもそう報道しました。しかし、被害者にとって何ひとつ事故は終わっていないのです。

原発事故とはこのようなものです。

私は、26年前に旧ソ連のチェルノブイリ原発事故が起きたときに、初めて原発の危険性を知りました。

原発は、原料であるウランの採掘から廃棄物の処理に至るまで、労働者の被曝なしにはできない発電方法です。ウラン採掘ではアメリカ先住民の人々の被曝を、途中で発生する劣化ウランは兵器となってイラクやアフガニスタンの子どもたちの健康に被害を与えつづけています。また原発の運転や定期検査にも、日常的な労働被曝は避けられません。事故が起これば、チェルノブイリや今回の福島のように、一般市民に膨大な被曝が引き起こされます。

私は、今回の事故以前から、核に関してはかなり絶望的な思いがありました。核実験や原発事故で世界中にばらまかれてしまった放射性物質、何万年も危険でありつづける核廃棄物……。もしかしたら、人間が手を染めてはいけないものだったのではないでしょうか。あらゆる生き物の命を巻き込む原発事故を招いてしまった、人類の驕《おご》った行為ではなかったでしょうか。今回、さらに飛び散った放射性物質、それにまみれた瓦礫や汚泥、汚染された大地をどうしていったらよいのでしょうか。若い人々にそれを押しつけることが、ほんとうにつらいです。

チェルノブイリ原発事故以来、私は福島県内で、原発に反対する運動を始めました。さまざまな講演会、自治体や東京電力への申し入れ・交渉、署名活動、自主住民投票、通信の発行などをしてきました。私がとても自分に合うアクションだなと思ったのは、非暴力直接行動というものでした。人前で話すことや、原子力発電の技術的・社会的仕組みについての追及などは苦手でしたが、その場に身を置くことで何かを訴えるやりかたが私にはとてもなじみました。

福島第二原発3号機での大事故（1989年）のときには、「女たちのリレーハンスト」

を企画しました。また、92年に青森県六ヶ所村で「核燃いらない女たちのキャンプ」というアクションを起こしました。それは核燃料サイクル施設のひとつ、ウラン濃縮工場に六フッ化ウランという核燃料の材料が運び込まれるときでした。初めて六ヶ所村に持ち込まれる放射性物質のトラックをなんとか止めようと、日本全国から女たちが集まり、トラックの搬送路沿いにテントを張って、1か月間のキャンプをしました。搬入の当日、歌の合図に従って、女たちはひとり、ふたりと集団から抜け、警備の手薄な場所を見つけ、道路に出て行き、座り込みました。何度も排除されながら、50分だけトラックを止めました。

今回の事故後も、東京の経済産業省前で「原発いらない福島の女たち・100人の座り込み」のアクションをおこないました。福島県内の、座り込みなど生まれて初めての人々も多数参加してくれました。日本中から2000人を超す女たちが駆けつけました。東京電力への交渉、事故から1年後の「原発いらない地球《いのち》の集い」の開催、原発再稼働に反対するリレーハンストなどのアクションを起こしています。今日5月5日は、日本にある54基が定期点検のためにすべて運転停止となり、原発稼動がゼロになりました。そこで、東京の経済産業省を〝カンショ踊り〟という福島県の古くから民衆に伝わる踊りを踊りながら囲むことになっています（いまごろ、みんなで踊っているでしょう）。

私が女たちのアクションにこだわるのは、決して男を排除したいからではありません。歴史の中で女たちは大いなる差別と抑圧の中で生きてきましたが、この弱肉強食・経済優先の現代社会の中で、最前線で抑圧を受けているのは男たちのほうかもしれません。そのような意味で、女たちにはまだ少し違う力が残っていると思うのです。思いつきで、感覚的。でもやわらかくて辛抱づよい。らくちんで楽しく、いつもなんとかなってしまうこのやりかたに、いままでと違う社会をつくる鍵があると思うのです。私は座り込みの朝、女たちにこう呼びかけました。

「ようこそ勇気ある女たち。遠くから、近くから、自分の時間とエネルギーとお金を割《さ》いて集まってくれた一人ひとりにありがとう。女たちの限りなく深い愛、聡明な思考、非暴力の力強さが新しい世界を創っていくよ！　ともに座り、語り、歌いましょう！」

また、福島の市民たちは、日々さまざまな行動に取り組んでいます。子どもたちや若い人々の被曝を低減するための避難、保養の計画を、日本各地の支援者とともに進めています。安全な食べものを入手できるルートをつくったり、市民の食品測定所を開いたりしています。被害者の支援のための法制定にも積極的に提言しています。

私たちは3月から、東京電力と日本の原子力の規制機関などを訴える告訴団をつくりました。6月の告訴に向けて、1000人の団員を募るため日々活動をしているところです。

被害を受けた者が立ち上がり、自分の言葉にして訴えていくことは、とても大切なことだと考えています。それは、分断された人々の気持ちをつなぐことにもなり、一人ひとりの傷を癒やし、力と尊厳を取り戻していくプロセスにもなると考えています。

日本の国は、経済成長を最優先していく中で、従順な労働者や消費者をつくるため、もの言わぬ国民に仕立ててきました。市民の怒りを封じ込めてきました。社会も学校もメディアも、みんなこぞって、ものを考えさせないようにしてきたのです。私たちはまんまとそれに乗せられてきたという自覚が必要です。いま、市民が自信を、誇りを取り戻さなければなりません。一人ひとりが自分の頭で考え、自分ができる行動をとっていくことが大切だと思っています。私たちはそれぞれに、すばらしい力を持っているのですから。

私は、原発に反対する運動をする中で、世界に蔓延する核に対する絶望感と無力感に襲われることが何度もありました。そんなときに、ふと自分の「暮らし」に目が向いていきました。私たちが何気なく使う電気。それがつくられていく過程は、さまざまな差別と、たくさんの命の犠牲の上に成り立っていることに気づいたときに、できるだけその対極にいたいと思いました。

そこで始めたのが、山を開墾して、なるべく自給的な暮らしをすることでした。

しかし原発事故のために、私のささやかだけれど、大地のエネルギーを大切に使い、自然の恵みを糧《かて》とし、工夫に満ちた暮らしはもう戻りません。大気の汚染は、長い長い時間を経なければ、元と同じにはなりません。

私たちは世界中の核兵器や原発について、深く考えなければなりません。また、消費やエネルギーの問題についても考え直す必要があります。何が豊かな暮らしなのか、どれが私たち一人ひとりが幸せになることができる価値観なのか、深く考え、必要なアクションを起こしていきましょう。

福島原発の事故は最悪の事態を招きましたが、こうして今日、皆さまとお会いすることができました。人々がつながるチャンスでもあります。市民どうしが手をつなぎ、支えあい、助けあえる、新しい世界をつくるチャンスでもあると思います。

ともに歩んでいきましょう。

東北の鬼

（CNIC発行『原子力資料情報室通信』465号、2013年3月）

満天の星も凍《い》てつく深夜に車を走らせていると、雪原を疾走する一匹の狐の姿を見つけました。金色に光る目が流れるようになびき、一心に駆けまわるようすに、しばし見入ってしまいました。極寒の原野で必死に食べ物を探していたのかもしれませんが、私にはあくまでも自由と解放感に満ちた姿に感じられました。

東北は歴史の中で貧しく、中央から虐《しいた》げられた土地だった面もありますが、その豊かな自然が育んだ壮大さと自由さが、人々の中にも息づいているような気がします。

30年ほど前から、日本各地に伝わる民俗舞踊を踊っています。ずいぶんたくさんの踊りを覚えましたが、昨今は足腰が衰え、踊れるものが少なくなりました。大好きなのに難しく、最後まで覚えられなかった踊りもあります。岩手県北上地方を中心に踊られてきた「鬼剣舞《おにけんばい》」です。出《い》で立ちは、面を被《かぶ》り、頭に「毛采《けざい》」という馬の尻尾で作ったたてがみを載せ、腕には鎖帷子《くさりかたびら》、白足袋《しろたび》に草鞋《わらじ》履き、なぜだか腰には小さな子どもの浴衣《ゆかた》が掛けられています。勇壮さと、修験者のようなふしぎな足さばきを持った迫力ある踊りです。被る面は恐ろしい形相ではありますが、実は不動明王などの仏の化身であり、角《つの》がないのだそうです。いにしえに鬼と恐れられた人々もまた、仏ではないまでも、幸せや安寧を願う人々であったかもしれません。

一昨年の明治公園で開かれた「さようなら原発５万人集会」でのスピーチをお引き受けし、自分たちのいまの心情をどう表現すればよいのか……とぼんやり考えているときに、ふと頭をよぎったのが、かつて見た躍動する鬼剣舞の姿でした。福島を襲った原発事故を前に、茫然とした時期を過ぎると、猛烈な怒りが湧《わ》いてきました。しかしそれは、悲しみと悔恨と絶望が入り交じった複雑な怒りでした。

怒りの表現はさまざまです。火のように怒るという言葉があります。焚《た》き火や薪《まき》ストーブの火を見ていると、とてもふしぎです。薪の表面を燃やす炎は濃い赤で激しく動きまわります。やがて熾《おき》ができてくると、静かに舐《な》めるような炎となり、明るい朱色になります。さらにクライマックスを迎えると、中心に光の玉を抱いたように白くなります。深く美しい、熟成した火をそこに見ます。踊りもまた、ひとつの型に沿って抑制された動きに、美しさと自由さ、そして熟成されたエネルギーと迫力を感じます。

福島原発事故から2年。私たちは、ただ怒りに身を任せてきたのではありません。調べ、学び、自分を省み、助けあい、声をあげることが必要でした。ますます困難を極める福島の中で冷静さと明晰さを持ち、熟成した熾火《おきび》のような怒りを、私たちの生きる尊厳を奪うもの、命を蔑《ないがし》ろにするものに対して、ぶつけていかなければなりません。それが何者なのかを見極めながら、虐げられるばかりでなく、豊かな森に育まれた自由な心を持つ東北の民として。

どんぐりの森から

冬枯れの柴山を背景に、音もなく降りつづける雪が、野原も小屋も真っ白に染めていきます。

福島原発事故から2年が経とうとしている、私の家の前の風景です。

いまだに毎時0・2マイクロシーベルトを計測する放射性物質が確実に存在していますが、それでもなお、美しい森です。

私は原発事故が起きる前までは、福島県の阿武隈山系の中にある小さな雑木の森で、細々とカフェを営みながら暮らしていました。カフェの名前は「里山喫茶 燦《きらら》」といいました。人生にはさまざまな波があり、私にもどどんと落ち込んだ時期がありました。そんなときに始めたのですが、なんとか気を取り直し、いまから燦《きら》めくような人生を生きようとつけた名前でした。

（『子どもの本棚』２０１３年４月号）

森にはコナラ、サクラ、ウルシ、カエデ、ヤマボウシなどの広葉樹があり、秋には色とりどりに紅葉し、冬には一枚の葉も残さずに落葉した枝々が夕焼けの空に映えました。早春のパステルカラーの芽生えは、夏至《げし》のころには圧倒的な深緑になりました。四季折々の光景の中で、私は「なんて美しい星に暮らしているんだろう」と、ひとりつぶやくことが何度もありました。

森にはいつも小さなドラマがありました。

さつま揚げの話

まだ山の開墾をしていたころ、夢中で鍬《くわ》をふるって、ふと気がつくと、お昼に焚き火で焼いて食べようと思っていたさつま揚げが、ひとつ、またひとつと消えているのです。よく見ると、さつま揚げのパックの隅っこに小さな穴がありました。どんな生き物が持っていったのかはわかりませんが、大きなさつま揚げを必死で引っ張り出して運んでいる「誰かさん」を思うと、いまでもおかしくなります。

アリの話

ある夕方に、外の物置き小屋から道具を取ろうと扉を開けると、中で「ザザーッ」と何かが動いているような音がするのです。薄暗い夕方で何も見えず、私はぞーっとして、そのまま扉を閉めました。翌朝を待って点検してみると、物置きの棚に置いた、買ったばかりのゴアテックスのテントに、体長1センチ以上の山蟻《やまあり》が、何万匹と集まり巣を作っていたのです。引っ張り出して広げてみるとテントはボロボロ。アリたちは一瞬混乱してうろうろとしましたが、卵などを担ぎながら、ものの五分で森のあちこちに消えていきました。物置小屋はしばし、蟻酸《ぎさん》の酸っぱいにおいがしていました。アリは銅を嫌うと聞いたので、しばらく棚の上には10円玉が置いてありました。

ハヤの話

家の前の川辺に、小さなネイティブアメリカンの移動式住居「ティピ」を建てたことがありました。犬用に建てた、ほんの小さなものでしたが、犬はいっこうに中に入りませんでした。あるとき、ふと覗《のぞ》いてみると、いま捕ってきたばかりと思われる小さなハヤが2匹、入り口に、まるでお供えしているかのように並んで置かれていました。ふしぎなできごとでしたが、いまはカワウのしわざかな？　と思っています。ティピのまわりには鳥のフンがいくつか転がっていました。

ヤマドリの話

ある朝、「ガシャーン」とガラスの割れる大きな音がして目覚め、急いで階下に降りていくと、床一面に散らばったガラスの上に、一羽の立派な雄のヤマドリがいました。よく、近くの茂みからブルルルという羽音が聞こえていましたが、なぜか家の中にいるのです。タカなどに追われ、まれに家に飛び込むことがあるそうです。突然のことに私は驚いていましたが、当のヤマドリは何ごともなかったかのようにケロリとしていました。この話をすると、みんなに「食べたの？」と聞かれましたが、店中に散らばったガラスの片付けで、それどころではありませんでした。

セキレイの話

春浅い日、うっかり寝坊をしていると、階下でガラスをコンコンとノックする音が聞こえました。あわてて降りていくと誰もいません。また布団に入っていると、ふたたびコンコンとノックの音が。2階の窓からそっと下を覗いてみると、一羽のセキレイがガラスをコンコンつついていました。セキレイは、ガラスや鏡に映る自分の姿をコンコンとつつくらしいのです。それにしても上手なノックです。

ほかにも、歯のないトカゲがパックリとくわえたはずのバッタに逃げられたり、小屋の壁に掛けた物入れの、きれいに敷かれた枯草にほっこりとした窪みがあったり、セミが羽化するために土から這い出し、割れた背中から震える透明な羽がしだいに拡がるさまなど……私は日々観察しては驚嘆し、森の暮らしは退屈することはありませんでした。

原発事故以来、私はほとんど戸外で過ごすことがなくなりました。草のにおいも、せせらぎの音も、割った薪が乾くときにピンピンと奏でる音も、頬をなでる風も、甘酸っぱいキイチゴの実も、雪の上のけものの足跡も、窓ガラスの向こうの世界のものになりました。

どんなに美しくても、ふれることのできない世界は悲しいものです。

原発事故がもたらしたものは人類だけに及ぶものではありません。地球に生きる生き物としての私たちは、いまからどんな世界を創っていったらよいのでしょうか？

この文章を書いているあいだに、夕闇が迫ってきました。雪は20センチほど積もって、いまはやんでいます。昇ってきた月の光に照らされて、透明な碧《あお》い世界が広がっています。深く考えなければいけないときですね。

新しい道

（eシフト編『日本経済再生のための東電解体』合同出版、２０１３年３月）

はるか昔、小学校の映画教室で、電気の来ていない村に初めて電灯が灯《とも》るという映画を見ました。ひとつの裸電球に明かりが点くと、下で見上げていた子どもたちが、いっせいに「あかるーい！」と歓声をあげながら笑っているようすが、白黒のスクリーンに映し出されていました。

日本の電力会社も、最初はこのような人々のささやかな喜びに応えることが仕事だったのではなかったのでしょうか。企業も、人々との血の通ったつながりの中で育まれていくものと思います。

東京電力は、国策を後ろ楯《だて》に、あるいは引きずられながら、巨大な企業にのし上がっていきました。いつしか、見失ってきたものが多々あるのではないでしょうか。

福島第一原発事故の前、私たち脱原発市民グループと東京電力の交渉が長年おこなわれてきました。その中で私たちは多くの指摘や要望を出してきましたが、それが活かされたことは一度もありませんでした。何十万、何百万という人々や生き物に放射能被害を与えた企業に、ほんとうに反省や自戒の念はないのでしょうか。

東電は犯した罪を自覚し、きちんと責任をとり、みずからの会社が姿を変えることになったとしても、人々の喜びとともにあるという、新しい道を選んでほしいと願うばかりです。

生きる尊厳を奪われない

（「原発のない福島を！県民大集会」２０１３年３月）

「原発のない福島を！県民大集会」に遠くから駆けつけてくださった皆さん。そして県内からお集まりくださった皆さん。

今日はほんとうにありがとうございました。ともに過ごした一日は、とても意味深いものだったと思います。

私たちはいま、雪のうさぎが山肌にあらわれはじめた美しい吾妻の山のふもとにありますが、春の訪れを心から喜ぶことはできません。

見えない、聞こえない、臭わない放射能を、この穏やかな早春の日にも忘れることはできないのです。

福島原発事故から２年、

・いまだに1時間に1000万ベクレルの放射能を放出する原子炉、
・いつ止まるかもわからない燃料プールの冷却装置、
・これからが心配される人々や生き物たちの放射能による健康被害、
・環境アセスメントもなしに造られようとしている廃棄物の焼却実験場、
・振り出しに戻ってしまった子ども被災者支援法、
・進まない正当な賠償、
・新たなる放射能安全神話と、莫大な復興予算の中での、砂上の城の如く感じられる復興策の数々。

さらなる困難の中で、私たちの怒りと悲しみが消えることはありません。

しかし、この2年、生き延びるために、暮らしを立て直すために、人々には必死の努力がありました。

その一人ひとりの切なる努力が、命と未来のためにつながり結実していくことを願わずにはいられません。

立場や考え方の違いが攻撃や対立に向かうのではなく、それぞれの気持ちを聞きあい、苦悩を分かちあいながら、ともに冷静な目で、これからの道を見つけていきましょう。

私たちはまた、見極めなければなりません。
命を蔑ろにするもの、
生きる尊厳を奪うもの、
私たちを引き裂くものは何なのかを。
時に自分自身に問うことを恐れずに、ひるまず、まっすぐに向かっていきましょう。

東北は長く中央から虐げられた歴史がありましたが、一方で、厳しくも豊かな自然に育まれた自由さが人々の心に息づいていると私は思っています。いまのこの困難から、たくさんのことを学んでいきましょう。

そして今日、皆さんと一緒に忘れずに心に留めておきたいことがあります。

私たちはこれ以上バラバラにされない。

私たちは生きる権利を奪われない。

私たちはつないだ手を離さない。

いま、福島から訴えたいこと

（『現代農業』２０１３年８月号）

私が大好きな山菜たち。ウルイ、ミツバ、カンゾウ、ワラビ……。冬のあいだになまった体を浄化してくれるような、ほろ苦さがなんともいえません。しかし、福島県中通りでは、コシアブラから1キログラム当たり1万２０００ベクレルのセシウム。タラノメからは７６０ベクレル、会津地方でもコゴミから68ベクレル。私たちに与えられた早春の山の恵みを、今年も口にすることはできませんでした。

私は、２０１１年の原発事故が起きる前までは阿武隈山系の森の中で小さな喫茶店を開いていました。ドクダミやスギナなどを干した野草のお茶、山菜やアクを抜いたドングリ、小さな畑で採れた野菜を料理して、お客様に出していました。太陽の熱や光、薪や炭を使ったエネルギーの自給と、その使い方の工夫についてのワークショップなどをおこない、原発に頼らない暮らしを自分なりに提案していました。

原発事故はそのほとんどを奪いました。私の喫茶店「燦」は、チェルノブイリ原発事故を忘れないようにと4月26日を開店記念日にしたのですが、10年目のその日に廃業しました。薪ストーブも使えず、化石燃料を焚いて暖をとり、窓をあまり開けたくないために車のエアコンを使い、洗濯物を室内に干す毎日が情けないです。

しかし、私などのささやかな暮らしの破壊に比べて、長年農業に従事してこられた方々、とくに安全で美味しい野菜を懸命に作りつづけてきた有機農業の方々の無念さは、いかばかりかと思います。

福島原発事故から2年以上が経ちますが、福島の現状は、事故直後とはまた違う困難さを増しているように感じます。福島第一原発の四つの原子炉からは、いまも毎日2億4000万ベクレルの放射性物質が空気中に放出されています。原発専用港で捕獲されたアイナメからは、1キロ当たり74万ベクレルのセシウムが検出されました。原発建屋の汚染水は溜まりつづけ、地下貯水槽から高濃度の汚染水が漏れ出す事件がありました。ネズミが原因のショートによって燃料プールの冷却系電源が切れたこともありました。このような中で、おびただしい被曝をしながら働いている原発作業員の70％は福島県民です。その中には、原発事故で仕事を失った人もいます。危険手当のピンハネなど待遇の劣悪さも問題です。被曝線量の限度に達し、原発から離れる作業員もいるため、労働力の確保が難しくなり、暴力団による作業員集めがおこなわれているそうです。

莫大な税金が投入された除染作業は大手のゼネコン会社が受注していますが、被曝をともなう除染作業は、下請け労働者が十分な防護もないままに低賃金でおこなっています。福島県内では除染はまだ全体のわずか9％しか終わっておらず、その77％は、目標の年間1ミリシーベルトを下まわりません。そして、除染によって出た放射性のゴミは、中間貯蔵施設や仮置き場が決まらないため、自宅の敷地内に埋められたり山積みにされたりしています。しかし、原発や除染労働にしても、放射性廃棄物のゆくえにしても、被害者がさらなる被曝をするはめになることが、なんともやりきれない思いです。

原発から50キロメートルの鮫川村は比較的線量の低い場所です。湧水も多く、いわき市や茨城県の高萩市などの水源地になっている場所ですが、そこに環境省が、周辺住民の反対を押しきり、1キロ当たり8000ベクレル以上の農林関係の放射性廃棄物（稲わらや牧草、堆肥など）の焼却実験炉を造ろうとしています。また、除染で伐採された木材を使った木質バイオマス発電所が計画されています。焼却による放射性物質の拡散や、濃縮度の高い灰のゆくえが心配です。

　昨年12月に福島県郡山市でおこなわれた、ＩＡＥＡ（国際原子力機関）と日本政府共催の世界閣僚会議では、参加国のほとんどが、新しい安全な原発を造る、あるいは輸入して経済発展につなげていくと演説しました。原発の危険性と廃絶を訴えたのはマーシャル諸島やキューバなど、ごく少数でした。会場には復興した福島を強調する写真が飾られ、レセプションでは福島産の食べ物が並びました。この会議にはＩＡＥＡのほかに、国際機関としてＩＣＲＰ、ＵＮＳＣＥＡＲ、ＷＨＯ、ＦＡＯ*などが参加していました。１９５９年にＩＡＥＡはＷＨＯと合意書を交わし、ＩＡＥＡの合意がなければ、ＷＨＯは原子力による健康被害について発言できないようになっています。福島原発事故による健康被害も、過小評価や隠蔽《いんぺい》がなされないか心配です。

　福島県が建設する予定の「環境創造センター」には、ＩＡＥＡも事務所を置き常駐します。すでに福島県庁に仮事務所を置き、先日「緊急時対応能力研修」をおこないました。加盟18か国40人が参加し、原発から20キロメートル圏内で測定器の使い方などの訓練をおこなったそうです。かつて米軍が沖縄の高江で、ベトナム戦争に向けて民家や人々を標的に訓練したことを彷彿《ほうふつ》とさせます。

福島は核の実験場なのでしょうか。

子どもたちの甲状腺検査の結果は、徐々に明らかになりつつありますが、現時点で悪性（がん）が12例、悪性の疑いが15例判明しました。100万人に1～2人といわれている小児甲状腺がんですが、今後どのような結果となるのかがとても心配です。

福島県は今年、2020年までに県内外の避難者をゼロにする方針を決めました。県外避難者への支援策は次々に打ち切られています。除染をして人々を戻し、復興をしていくというのが国や自治体の路線です。莫大なお金も動いています。こんな中で、人々の分断はますます深く、細分化し、複雑化し、人々は引き裂かれていきます。対立だけではなく、地域の仲間や友人、家族の中で、相手の立場がわかるからこそ、ものが言えなくなってもいるのです。原発事故に関するマスメディアの報道も少なくなり、事故は風化させられていくように感じられます。しかし私たちは声をあげ、事実を訴えていかなくてはなりません。

＊……ICRP＝国際放射線防護委員会、UNSCEAR＝原子放射線の影響に関する国連科学委員会、WHO＝世界保健機関、FAO＝国際連合食糧農業機関。

いま、私の家のまわりにはニッコウキスゲ、アヤメ、キイチゴ、ミズキやエゴが花ざかりです。いまだに毎時０・２マイクロシーベルトという放射性物質がそこにありながら、なお美しい森です。緑に満ちたこの美しい星を、この先どれくらい未来に遺すことができるのか、いまこそ一人ひとりが考え行動していかなければならないと思うのです。

福島原発事故は終わらない

（出版労連発行『原発のない未来へ』38号、2014年12月）

阿武隈山系はひと雨ごとに深く色づき、西風が冷たい季節がやってきた。それでも晩秋の福島はことさらに美しい。季節はたゆまずめぐってゆくが、私たち被害者の心には、何かを置き忘れたような虚無感と、先が見えない不安がないまぜとなった「疲れ」が溜まりつづける。

原発事故から4年になろうとしているいまも、人生を根こそぎ変えられるような被害を受けているたくさんの人々が苦しんでいるのに、その被害を与えた者たちの責任は問われていない。

福島市にある浪江《なみえ》町の仮設住宅のすぐ目の前は、除染で出た放射性廃棄物の仮置き場だ。

黒い袋がうずたかく積まれた異様な風景の傍《かたわ》らに、みずからを癒やすように手入れされたプランターの花々が美しく咲いている。事故から4年近くなる四畳半2間、夏は暑く冬は寒い仮設住宅の中での先の見えない暮らしに、抑うつ状態が蔓延している。福島県の災害関連死数は、津波による死亡者の数を超え1700人以上となった。自殺は被災3県の中でももっとも多い。自主避難者は経済的な困難から帰還を余儀なくされ、家族内での意見の違いからの離婚も多い。地域の中でも、放射能に対する考え方や立場の違いから対立や沈黙が生まれている。

原発サイトでは汚染水漏洩《ろうえい》問題が深刻さを増している。放射性物質の海への漏洩は「京《けい》」という単位の天文学的な数字である。現在1号機のカバーが一部外され、瓦礫の片付けや使用済み燃料の取り出しが検討されているが、放射性物質の飛散は大丈夫なのだろうか。東電の発表では、いまも四つの事故炉から毎時1000万ベクレルの放射性物資が放出されている。現在、1日6000人の作業員が過酷な被曝労働に従事している。人が入って作業する現場で一番放射線量が高いところは毎時800マイクロシーベルトといわれている。多重化する下請け構造の中で、低賃金での労働が強いられる。被曝限度の問題から未経験者が増え、事故も頻発している。

福島県の「県民健康調査」によると、２０１４年8月24日現在で、事故当時18歳以下と事故後に生まれた子どもたち約36万人のうち検査が終了した29万６０００人中57人ががん、46人ががんの疑いとなっている。中にはリンパ節に転移した例もある。福島県県民健康調査は、原発事故との関連を「考えにくい」としているが、もっと詳細な検査項目が必要ではないのか、予防医学の立場で子どもたちの被曝低減策が必要ではないだろうか。避難解除にともない学校ももとの場所に戻され、避難先に住んでいる子どもたちはバスで長時間かけて通っている。汚染水の海洋漏洩が明らかな中での海水浴場の解禁、屋外でのプール活動、学校給食の県内産材料の使用など、国や自治体は子どもの人権をどのように考えているのだろうか。

被害者は十分に救済されず、事故は何も終わっていない。被害は形を変えて拡大してゆく。このような中で、原発の再稼働や輸出が強引に推し進められようとしている。ひとつひとつのできごとを思うとき、この事故の真実が明らかにされ、きちんと責任が問われていれば事態はもう少し違うのではないだろうかと、ずっと感じつづけてきた。

私たち福島原発告訴団１万４７１６人が、２０１２年6月と9月に福島地方検察庁に原発事故の責任を問うためにおこなった告訴・告発は、２０１３年９月９日には全員不起訴という処分が出された。家宅捜索など、本来ならおこなわれるはずの強制捜査もおこなわれなかった。

当然、私たちは検察審査会へ不服の申立てをした。福島地検が東京地検に事件を「移送」したため、告訴した福島ではなく東京の検察審査会へ申立てせざるを得なかった。私たちは、「これでも罪を問えないのか」という被害者の思いを酌んでもらうため、審査会への激励行動やハガキ作戦をおこない、リーフレットの配布や被害者証言集会を開き、世論に働きかけつづけた。

２０１３年７月31日、東京第五検察審査会は、勝俣恒久元会長ら３人に起訴相当、１人に不起訴不当の議決を発表した。議決書では、原発事業者には安全確保のための高度の注意義務があり、過酷事故を起こすほどの津波が来ることを具体的に予見でき、必要な対策をとり事故を回避することができた、と非常に明確に示されている。しかも、より重大な責任を持つトップの罪を問うている画期的な議決である。いま東京地検は新たなチームで再捜査をおこなっている。本来、３か月で処分を決めなくてはならない決まりがあるが、検察はさらに３か月の捜査期間の延長を決めた。検察審査会の議決を真摯に受けとめ、厳正な捜査をし、今度こそ地検みずからの手で起訴をし裁判を起こすよう心から期待する。

現在の福島における、雪崩《なだれ》を打つような帰還・復興政策と新たなる放射能安全プロパガンダの中で、理不尽な被害に遭った被害者だと意識しつづけ、それに抗うことはとても苦しいことである。しかし私たち被害に遭った者には、真実を明らかにし、同じ悲劇をくりかえさせないための責任がある。

最後に、私たちがなぜこんな思いのなか告訴・告発をしているのか、この運動の意味をお伝えしたく、「福島原発告訴団　告訴声明」（2012年6月11日）を紹介する。


今日、私たち1324人の福島県民は、福島地方検察庁に「福島原発事故の責任を問う」告訴を行いました。

事故により日常を奪われ、人権を踏みにじられた者たちが力をひとつに合わせ、怒りの声を上げました。

告訴へと一歩踏み出すことはとても勇気のいることでした。

人に罪を問うことは、私たち自身の生き方を問うことでもありました。

しかし、この意味は深いと思うのです。

・この国に生きるひとりひとりが大切にされず、だれかの犠牲を強いる社会を問うこと
・事故により分断され、引き裂かれた私たちが再びつながり、そして輪をひろげること
・傷つき、絶望の中にある被害者が力と尊厳を取り戻すこと

それが、子どもたち、若い人々への責任を果たすことだと思うのです。

声を出せない人々や生き物たちと共に在りながら、世界を変えるのは私たちひとりひとり。

決してバラバラにされず、つながりあうことを力とし、怯《ひる》むことなくこの事故の責任を問い続けていきます。

置き去りにされた都市問題と福島のいま

（『都市問題』２０１５年３月号）

60年以上前、わが家に最初にやってきた絵本は、バージニア・バートン作『ちいさいおうち』（岩波書店）だった。雛菊《ひなぎく》や小川に囲まれた丘に建てられた、ちいさいおうちには四季折々の風景とのどかな暮らしがあった。ある日、自動車がやってくる。大きな道ができ、車や大勢の人々が忙しく行き交う。地下鉄や高架線ができ騒音に包まれていく。大きなビルのあいだで陽が当たらなくなり、ネオンが輝き、ちいさいおうちは昼も夜もわからなくなる。幾度となくこの絵本のページをめくりながら、みるみる膨れ上がる都市が色彩を失っていくさまがなんとなく恐かった。やがて、この家を建てた人の子孫が、家を台車に載せて引っ越しをし、桜の木に囲まれた田舎に設置する。ちいさいおうちは昼と夜を取り戻して、もう悲しくはなくなる。物語はちいさいおうちにとってハッピーエンドなのだが、都市の問題は置き去りのままだ。

都市が使うエネルギーは巨大である。その供給源は常に地方であった。食べもの、石炭、労働力、長い長い送電線によって電気も都市へと送られた。2011年の原発事故は、私たちにこの社会に潜むさまざまな問題を突きつけた。被害に遭った人々はいまも困難の中にいる。

想像してほしい、一瞬にして家や仕事、ふるさとを奪われることを。家族や親しい友や地域社会がバラバラにされてしまうことを。ともに暮らした生き物たちを見捨てなければならなかったことを。実りの秋を彩る稲穂の代わりに、積み上げられる放射性のゴミの山を。一生涯、放射能の影響による病気や差別を恐れながら生きる若者や子どもたちのことを。その不安を口にできない雰囲気を。避難区域が解除され、目標の年間1ミリシーベルトを下まわらない地に帰還せざるを得ないことを。生活再建のための十分な賠償もなく、先行きの不安を抱えてしのぐ仮設住宅での暮らしを。絶望の果てに自死を選ばざるを得なかった心の内を。

しかし、この事故の責任を問われるべき人々の刑事裁判はいまだに開かれない。

都市は何も変わらない。震災後ほんの一時期暗かった街は、煌々《こうこう》としたネオンを取り戻し、クリスマスのイルミネーションが以前にも増して輝く。みんな元に戻り、何ごともなかったようにまた前へ進もうとしている。また原発を動かそうとしている人々がいる。あの事故からたった4年だ。この原発事故により、人類はいったい何を学んだのだろう。私たちはどんな警告を受けたのだろう。

便利さや快適さの陰にある現実をしっかりと見極めよう。

通行制限中
この先
帰還困難区域につき
通行止め
原子力災害現地対策本部
レイクサイド

福島で生きる若いあなたへ

（東京高校生平和ゼミナール連絡会編『18歳選挙権の担い手として』平和文化、2015年7月）

ごめんなさい

2011年3月、便利さや速さや強さを追求するあまり、人類はみずからの種と人類以外の生き物の命を脅かす、途方もない原発事故を起こしてしまった。その結果、命や家や仕事を失ったたくさんの人々がいる。地域のつながりや家族、友達を失った人々がいる。ともに暮らした生き物たちを見捨てざるを得なかった人々がいる。食べものや水や燃料を与えてくれた山や海も汚染され、心を癒し育んでくれた森にも川にも野原にも放射能は降り注いだ。そして、わずか4年で、たくさんの大人はそのことをもう忘れかけている。

しかし、これからの長い人生を、この事故がばらまいてしまった放射能とともに生きていくのは、君たち若者や子どもたち、そして未来の世代だ。私ははじめに謝りたい。原発の危険性を知りながら、止めることができずに、君たちに多大な負の遺産を背負わせたことを。

ほんとうにごめんなさい。

「核」のもつ意味

一度、「世界の核実験地図」というYouTubeの映像*を覗いてみてほしい。美しい青色の世界地図を背景に、最初にアメリカ合衆国ニューメキシコ州の砂漠で、白い光がぽんと広がる。やがて広島、長崎、そして旧ソ連の辺境で、太平洋で、オーストラリアで、アフリカで、中国で、色とりどりの光が次々と瞬く。これは1945年から1998年までに7か国が2000回超の核実験をおこなったことをあらわしている。静かな画面だが、言いようのないやりきれなさで胸がふさがれる。なぜ人類は、自分たちの命が育まれる星をみずから痛めつづけるのだろう。

原子力発電はここから始まった技術だ。第二次世界大戦後、「Atoms for Peace（核の平和利用）」の名のもとに、原子力（核）の平和利用が世界中で叫ばれていく。福島県双葉町から県外避難をしている大沼勇治さんは、小学6年生のときに応募した町の標語「原子力明るい未来のエネルギー」が選ばれ、双葉町商店街の大きなアーチに掲げられた。しかし事故が起きた後に、彼は心を痛めた。原子力は、どんなに平和利用と名乗っても、残念ながら人々のための「明るい未来のエネルギー」にはならなかった。原発は燃料加工の過程で大量の劣化ウランを生み出し、発電の過程でプルトニウムを生み出す。どちらも軍事利用されてきた。そして原発は、スリーマイル、チェルノブイリと、取り返しのつかない事故をいままでにも起こしてきた。

原発事故がもたらしたもの

東京電力福島第一原発事故は私たちから何を奪い、何をもたらしたのだろう。それは君たちが体験したことだ。原発事故直後、日本の国はSPEEDI（放射性物質の拡散シミュレーション）やメルトダウンなどの情報を隠した。どれくらいの放射線があるか、真実を知らされないまま、ただちに影響はない、大丈夫だからと逃げ道を奪われた。放射線の基準が変えられ、年間にこれだけなら被曝してもよいという線量限度は20倍に引き上げられた。

＊……「世界の核実験地図」https://www.youtube.com/watch?v=fvB9HdtAjvY

原発事故から4年経ち、収束からは程遠い原発の状況とは裏腹に、除染・帰還・復興という路線が敷かれ、それは放射能安全キャンペーンと結びつき、事故の風化を促している。莫大な復興予算を投入した除染や、放射性ゴミを減容化するという焼却炉の建設は、原発を造ってきた大手ゼネコン会社が受注してふたたび儲ける利権構造の中で進められている。被曝低減への無策は結局、被曝した者の将来の健康影響や差別のリスクを増大させる。納得のいく賠償はされず、生活再建の見通しもつかず、避難先でひっそりと亡くなっていく人々がいる。いまだに誰ひとり、事故の刑事責任を問われず、事故の真相も明らかにならないのに、原発の再稼働が叫ばれ、この国の首相は他国へ原発を売りに行く。きっと君たちは、こんな状況をじっと見ているのだろう。

私たち大人がするべきことは

原発事故を引き起こし、人生を根こそぎ変えてしまうような被害を多くの人々に与えた者がいる。彼らはなぜ罪を問われないのだろう。この事故の責任を問うため私たちは2012年に福島原発告訴団を結成し、刑事告訴をおこなった。告訴とは、被害を受けた者が「このような被害を与えた者を調べ、起訴をして裁判を開き、罪に問うてほしい」と警察や検察に訴えることだ。

福島原発事故は、直接的には津波が原因だったが、この津波は東京電力が言うような「想定外」ではなかった。少なくとも1997年ごろから、政府機関などが福島にも大津波が起こりうると予測していた。東京電力は、そのことを承知しながら何も対策をとらなかった。それどころか握りつぶした人々がいるのだ。原子力発電所のように、ひとたび事故を起こせば甚大な被害を引き起こす施設には、万全の安全対策がとられなければならない。できたはずの対策をおこなわず、事故を起こしたことは犯罪にあたる。

人を罪に問うということは、自分を問われることであり、怖いことであった。果たして自分にその資格があるのだろうかとも思った。それでも、二度と同じ悲劇をくりかえさないために、あらゆる命が尊重される世界を創るために、この事故の責任を問いつづけなければならない。それが、原発を止められなかった私たち世代の責任なのだと思う。よかったら関心をもって注目してほしい。

若い君たちに

原発事故により君たちの身に起きたことは、まったく理不尽なことだ。しかし、虫のいい話だと思われるかもしれないが、君たちにはそれを乗り越える力がある。私たち大人にはもう失われてしまった瑞々《みずみず》しいアイデア、フットワーク、創造力がある。だから決して真実から目を逸らさないでほしい。絶望を受け入れるところから希望は生まれると私は信じている。

君たちの人生は、原発事故を体験したために、そうでない人よりも余計に悔しいこと、悲しいことが起こるかもしれない。でも、だからこそ深くものごとを考え、真実を見通せるということでもある。君たちは、自分の頭で考えることができる力を感じて生きてほしい。そして、自分自身を大好きでいてほしい。

女たち命の大行進 in 京都

（２０１５年５月、京都市）


こんにちは、福島からやってまいりました武藤類子です。

今日は、福島の女たち、昨年の「女たち命の大行進 in 東京」のスタッフを担った女たち、そして５月10日に鹿児島で開催した５・10母の日行動「ＳＴＯＰ川内《せんだい》原発再稼働！命をつなごう」を開催した鹿児島の女たちとともに登壇させていただきました。

福島、東京、鹿児島とつながってきた女たちの力強く優しいパワーを、今日この「女たち命の大行進 in 京都」を担ってくれる京都の女たちにしっかりと手渡したくて、このような形をとらせていただきました。

今日までこの大行進のために丁寧に準備を重ねてくださったスタッフの皆さん、ほんとうにありがとうございます。昨年暮れごろに、福島から京都に避難している女たちから、今年は京都で「女たち命の大行進」を開催したいの……という言葉を聞き、とてもとても嬉しかったです。女たちの手から手へ渡される確かなものを、いま感じています。

さて、原発事故から5年目を迎えた福島原発は、海への汚染水漏洩、どこにあるかわからない溶け落ちた核燃料、おびただしい放射性物質が付着した瓦礫と、困難な問題に苛《さいな》まれ、収束のめどはまったく立っていません。その中で、1日7000人の作業員は危険な被曝労働と搾取の中にいます。さらに、労働力の確保のために被曝線量限度が引き上げられようとしています。

一方で、国は除染・帰還・復興という路線を敷き、まだ線量の高い地域に人々を帰しています。流布される放射能安全キャンペーンは、不安や苦しさを声に出すことを難しくさせています。帰還困難区域を通る国道6号線が開通し、車中でも毎時4～7マイクロシーベルトの地域を、たくさんの車が行き交っています。

莫大な復興予算を投入した除染や、放射性ゴミを減容化するという焼却炉の建設は、原発を造ってきた大手ゼネコン会社が受注して、ふたたび儲けるという利権構造のくりかえしの中で進められています。

子どもたちの甲状腺がんは増えつづけています。しかし、原発事故とは関係がないと断定されています。被曝低減への無策は、若者や子どもたちの将来の健康影響や差別のリスクを増大させることになります。

納得のいく賠償はされず、生活再建の見通しもつかず、避難先でひっそりと亡くなっていく人々が大勢います。自主避難は生活の困窮と、離ればなれの悲しみと疲れを増大させます。

いまだに誰ひとり事故の刑事責任を問われず、事故の真相も明らかにならないのに、原発の再稼働が叫ばれ、この国の首相は他国へ原発を売りに行きます。

福島をじっと見ていると、日本という国家のありかたが見えてきます。原発・核の問題は、戦争法案や差別の問題と同じ根っこでつながっています。

この絶望的ともいえる世界で、私たち女の役割はいったい何だろうと考えてみます。

ここに、一冊の本があります。

『グリーナムの女たち――核のない世界をめざして』（アリス・クック＋グウィン・カーク著、近藤和子訳、八月書館、１９８４年）。私を反核の思いへ、非暴力の女たちの闘い方へ誘ってくれた一冊です。

イギリスにある米軍基地グリーナムコモンに、19年間キャンプをしながら、基地と核弾頭をなくすためのアクションをしつづけた女たちの記録です。「キャリー・グリーナム・ホーム」という映画にもなっています。

グリーナムコモンの女たちに捧げられた「平和のメモ」という詩（ビブ・ワイナント作）の一節をご紹介します。

手をつなぐもの
歌を歌うもの
言の葉を書くもの
音楽を奏でるもの
こどもとおどけながら
バリケードを囲むもの
有刺鉄線に
カラーのリボンを結びつけるもの

守衛に花をあげるもの
真夜中にそっと歌って
ろうそくをともすもの
牢へ行くもの
我ら
平和を信じ
人間生活の尊厳を
我が地球の神聖さを
支えん

訳者の近藤和子さんは、あとがきに「世界の平和のため、核がなくなるよう、グリーナムの女たち、そして日本の女たち、アジアの女たち、太平洋の女たち、世界の女たちが、国を越え、海を越え、こどもたち、男たちと、『人間の鎖』を結びませんか！」と結んでいます。

女たちがつながることは、それを望まぬ人々にとっては脅威。
女たちの闘いは、非暴力。それは優しく怒りを込めた力強さ。
女たちの闘いは、工夫とユーモアに満ちた賢さ。
女たちの闘いは、日々の暮らしの中にある色美しい芸術。

私たち人類がこれ以上、命を育むこの美しい星を傷つけないように、地球に生きるあらゆる命と調和できるように、女たちはつながり、力を合わせていきましょう。
今日一日をともに過ごし、たくさんのプレゼントを受け取り、そして自分の場所に帰っていきましょう。よい一日を！

スタートライン

（海渡雄一著、福島原発告訴団監修
『市民が明らかにした福島原発事故の真実』彩流社、２０１６年２月）

２０１５年７月31日、東京地裁前で仰ぎ見る空は真っ青でした。
東京電力福島第一原子力発電所が引き起こした事故の刑事責任を問う告訴は、３年あまりの月日を経て、ようやく刑事裁判への道が開かれました。東京第五検察審査会がどう判断するか、まったく予想がつかなかったため、議決書を受け取り、報道陣の前で河合弘之・海渡雄一両弁護士とともに「強制起訴」「市民の正義」の垂れ幕を広げたときには、胸がいっぱいでした。

検察の不起訴・市民の起訴

２０１２年６月11日。東京電力役員、経産省原子力安全・保安院や原子力安全委員会、

そして文科省の役人、学者など33人と、法人としての東京電力を告訴するために、私たち福島原発告訴団は初夏の日差しの中を福島地検に向かい歩きました。途中にある高校の窓から生徒たちが顔を出し、私たちの横断幕を見て「がんばって！」と声をかけてくれたことを思い出します。いまは亡き仲間たちの顔もありました。

２０１３年９月９日、福島地検は突然この事件を東京地検に移送し、その１時間後に「全員不起訴」の処分が出されました。私たちは、不起訴の場合は福島の検察審査会へ不服の申立てをおこない、福島県民による審査をしてもらいたかったのですが、この移送により、東京の検察審査会に申立てるしかなくなりました。しかし２０１４年７月31日、東京第五検察審査会は、勝俣恒久元東電会長、武藤栄・武黒一郎元東電副社長の３人に「起訴相当」の議決を出しました。検察審査会の審査員11人中８人以上が賛成しなければ起訴相当にはなりません。審査員の大半が、原発事故の責任を問う裁判を開くべきだという判断をしたことに、大いに励まされました。事件は検察に戻され再捜査となりましたが、翌２０１５年１月、検察はふたたび全員を不起訴としました。２回目の検察審査会が開かれ、そして同年７月31日、勝俣元会長ら３人に「起訴議決」が出され、３人は強制起訴されることとなったのです。

この間、政府事故調による調書の開示や弁護士・ジャーナリストなどの努力により、この事故に対するさまざまな事実がわかってきました。東電が15・7メートルに及ぶ大津波が原発を襲う可能性を把握し、原発の損壊を防ぐ対策をいったんは決定していたこと、そして、それが経済的な理由でおこなわれなかったことなどです。検察庁で開かれた不起訴理由説明会では、不起訴処分とした理由を検事が述べましたが、まったく納得のいく説明にはなっていませんでした。私たち福島原発告訴団は２０１２年の告訴以来、毎月のように地検や検察審査会を訪れ「激励行動」をくりかえしてきました。台風の日も雪の中も、照り返す強烈な日差しの中も、たゆまず通いつづけました。福島からはバスを仕立て、全国から近隣から、告訴人たちは集まりました。のぼりや横断幕をかかげ、声を合わせ「起訴してください」『原発事故の責任を追及してください』『被害者を見捨てないでください』と叫びつづけました。

私たちが告訴する意味

なぜ、被害者みずからがこのような、大変で面倒なことをしなければならないのだろう。何十万という人々の人生を覆してしまうような前代未聞の事件が起きているのに、どうして検察が動かないのだろう。はじめはそんな思いがありました。なにか大きな事故が起こると、段ボールの箱を抱えた検察官が会社に乗りこんでいくではないか、と。しかし、この原発事故では、いっこうにそのようなことはありませんでした。

私自身、刑事告訴をする活動を、自分の中ですぐに納得できたわけではありませんでした。人を罪に問うことは、ほんとうに怖いことでした。自分に責任を問う資格があるのだろうか。冤罪《えんざい》を招くようなことになりはしないだろうか……と悩みました。

被害者がそれぞれに検察に提出した、自身の被害についてしたためた陳述書を読み、一人ひとりに違う被害があり、違う困難があることを知りました。命や家や暮らしを奪われ、人生を根こそぎ変えられ、人権を踏みにじられたつらさ、悲しさ、悔しさが胸に迫り、どうしたら応えられるのだろうかと考えこみました。そして、しだいにこの告訴という行為は、私自身や多くの被害者のために、未来に生きる人たちのために必要なことなのだと感じはじめました。この事故がどうして起きたのか、どこに原因があり誰に負うべき責任があるのか、理不尽な被害にあった者は真実を知る権利があるだろうと思いました。そして、私たちがふたたび同じ道を歩まぬようにするための、子どもたちや未来の世代、人類以外の生き物に対する責任においての、しなければならない後始末なのだと思い至りました。

事故の責任を明らかにしなければ、福島の真の意味の復興などありえません。まちがえたことを反省し、新しい道を築くことはできません。こんな思いの中で、悩みながら一歩一歩、歩みを進めてきました。

原発事故は終わらない

あの3・11から5年が経とうとしています。しかし原発事故は終わっていません。福島の中は、2020年のオリンピックを見据えてか、帰還と復興の流れがいっそう進められ、被害者の救済や放射線による健康被害に対する不安、原発事故の責任追及の声を出しにくい状況になっています。国と福島県は、被害当事者の声を十分に聴かぬまま、放射線量が十分下がりきらない地域の避難指示を解除し、それにともなう賠償を打ち切り、避難者の借り上げ住宅制度の廃止を決めるなど、救済の切り捨てを始めました。現在おこなわれている帰還政策とは、放射能がある場所へ、我慢して帰って暮らせということです。

事故当時18歳以下だった子どもたちの甲状腺検査では、152人ががんやがんの疑いと診断されていますが、原発事故との関連は否定されつづけています。ようやく、それが多発であると認められてきましたが、原因を明らかにする調査や詳細な健康診断、被曝の具体的低減策などは実施されていません。その代わりに、人々に対する放射線教育がさまざまにおこなわれます。大規模な放射線教育施設が建設され、テレビタレントを起用した放射線解説漫画を使うなど、新たな放射線安全神話が作られ、被曝への警戒心や健康不安への言葉が封じ込められてしまいます。除染により発生する放射性廃棄物は、県内至るところに山積みにされ、あるいは校庭や家の庭に埋められ、人々はそのそばで暮らしています。本来、黄色いドラム缶に詰められて厳重に管理されるはずの放射性廃棄物が、あまりに量が多いためにずさんな扱いをされています。1キログラム当たり8000ベクレル以上の放射性ゴミを減容化するという焼却炉は、原発関連企業が受注し、利権はくりかえされています。そして原発サイト内では、1日7000人の作業員が過酷な被曝労働に従事しています。作業員は搾取と危険の中にあり、死亡事故も発生しています。

そのようななか、鹿児島県の川内《せんだい》原発1・2号機が再稼働されました。「世界最高水準の安全性」を謳《うた》いながら、要援護者の避難計画もないままに、ベントフィルターもなく、免震重要棟の建設も反故《ほご》にし、火山の影響への対策もないままに、再稼働だけが推し進められました。国も電力会社も、原子力の推進を止めようとはしません。しかし、起きてしまったことから学ばなければ、悲劇は何度でもくりかえされます。犠牲になった人々の怒りと、その底に横たわる悲しみも慰められません。誰もが安全で安心して暮らせる社会をつくることはできません。

福島原発事故が私たちから奪うものは、生きる尊厳そのものです。被害者たちに「復興」や「自立」という言葉を巧みに使いながら、分断の中で、あきらめと我慢と忘れることを強要していくこのやりかたに、私は心から憤りを感じます。

スタートライン

強制起訴が決まった翌月、裁判所は検察官役の弁護士を指定しました。指定弁護士の記者会見によると、２０１６年の３月ごろに起訴状を提出する方針だそうです。私たちはようやくここまで来たという思いですが、実は、事故の責任追及のスタートラインに立ったところなのです。

この裁判をしっかりと見つめ応援していくために、「福島原発刑事訴訟支援団」を設立します。多くの方に参加していただき、この裁判のゆくえを見つづけてほしいと思います。そして、原発事故が人類に何を問いかけているのかを考えつづけていくことが、この悲惨な事故に遭遇した時代に生きた者の責任だと考えています。

をただす！

原発事故が私たちから奪うものは……

（『子どもの本棚』２０１６年３月号）

東京電力福島第一原発事故から5年が経とうとしている。私たちは、この事故から何を学び、どう社会を変えてくることができただろうか。

これほどの甚大な被害を前に、原子力をめぐる状況は変わっていくだろう、経済より命を大切にする社会に変わるきっかけになるだろう……事故直後、ひとときそう感じた私の思いはほぼ幻想であった。早々に事故の収束宣言がされたかと思うと、原発は再稼働の方向へと後戻りをし、他国への輸出を前提とした原子力協定が結ばれていった。

福島の状況はどうだろう。原発サイト内では、汚染水の問題が泥沼化し、深刻さをさらに増している。過酷な被曝を強いられながら収束作業に従事している1日7000人の作業員は、危険と搾取の中にあり、死亡事故も起きている。本来なら専用の黄色いドラム缶に詰められて厳重に管理されるはずの放射性廃棄物が、県内至るところに山積みにされ、あるいは校庭や家の庭に埋められ、人々はそのそばで暮らさざるを得ない。1キログラム当たり8000ベクレル以上の放射性ゴミを減容化するという仮設焼却炉は、住民の反対を押し切り次々と建てられた。一基500億円もする焼却炉は原発関連企業が受注し、利権の獲得はくりかえされている。国と福島県は、被害当事者の声を十分に聴かぬまま、放射線量が下がりきらない地域の避難指示を解除し、それにともなう賠償を打ち切り、避難者の借り上げ住宅制度の廃止を決めるなど、救済の切り捨てを始めた。

福島県の災害関連死は、津波被害者をはるかに超え2000人以上に及ぶ。仮設住宅では、うつや自死が起きている。

若い世代や子どもをめぐる状況はなお深刻だ。事故当時18歳以下だった子どもたちの甲状腺検査では、152人ががんやがんの疑いと診断されているが、原発事故との関連は否定されつづけている。ようやくそれが多発であるとは認められてきたが、原因を明らかにする調査や詳細な健康診断、被曝の具体的低減策などは実施されていない。その代わりに、人々に対する放射線教育がさまざまにおこなわれている。大規模な放射線教育施設が建設され、テレビタレントを起用した放射線解説漫画を使うなど、新たな放射線安全神話が作られ、被曝への警戒心や健康不安への言葉が封じ込められていく。

そして福島ではこんなニュースが流れる。一昨年、通行禁止が解除となった国道6号線の、中学生・高校生による清掃作業。高専の生徒による廃炉技術のためのロボットコンテストの募集。公立中学校の授業に、東電や日立の社員がやってきて「廃炉・除染・風評被害」の中で自分にできることは何かを三つのグループに分かれて話しあわせ、発表させる。他県の高校生が、避難解除になった福島県の村に修学旅行にやってくる。福島県は「アクションプラン」なるものを策定し、東京五輪・パラリンピックへ向けて「福島の魅力、県民の元気の発信」「誇りの醸成」「復興へと進む福島の姿の発信」を基本目標に予算を計上する。

若者たちや子どもたちに、夢や希望、誇りを持ってほしいと心から思う。しかし夢、希望、誇りとは何だろう。これからの社会にとって、原発廃炉の技術はなくてはならないのだろう。しかし、原発の後始末を若い世代に背負わせる前に、少なくとも私たちは、原発からの脱却を決めるのが先だと思う。私たちが押しつけた負の遺産を始末する技術を磨き上げることが夢ではないだろう。オリンピックの聖火ランナーを走らせるために、安全を宣伝しながらゴミを拾うことが誇りではないだろう。

「私は子どもを産めますか」と問う高校生がいる。確かに、放射性物質が撒《ま》き散らされた世界で、病気や障害を得る可能性はある。だから、それに対応できる医療制度や、差別を生まない社会のありかたを模索することが必要なのだと思う。決して恐れて隠すべきものではない。「復興」や「自立」「希望」「誇り」などという言葉を巧みに使いながら、被害者どうしの分断を作り、あきらめと我慢と忘れることを強要し、真実に目を向けさせないこのやりかたに、私は心から憤りを感じる。福島原発事故が私たちから奪うものは、生きる尊厳そのものだ。

原発事故を体験した子どもたちや若者たちに、いま一番必要とされるものは何だろう。大人として、彼らにするべきことは何だろう。大人たちは本気でそのことを考えなければならないと思う。

2012年6月、福島原発告訴団を結成し、東京電力や国の責任を問う告訴・告発をおこなった。甚大な被害をもたらしたこの原発事故の責任は、当然問われるであろうと思っていた。しかし検察庁による起訴はおろか、強制捜査さえおこなわれなかった。検察庁は二度にわたり容疑者全員に不起訴処分を出した。しかし一般市民からなる検察審査会は、二度にわたり起訴すべきという議決を出し、ようやく刑事裁判が開かれることになった。

私は、この告訴はこれから膨大な放射性のゴミという負の遺産とともに生きなければならない若者、子どもたち、未来世代、そして物言えぬ人類以外の生き物たちへの、ひとつの責任の取りかたであり、大人としてできることのひとつだと思っている。

若者たち、子どもたちは、原発事故後、自分たちのために大人が何をしたか、あるいは何をしなかったかをじっと見ているだろう。

つらくても現実から目を逸らさず、自分の頭で深くものごとを考え、真実を見通すことができるように、自分を大好きでいられるように、私たち大人にどんなサポートができるだろう。それは、まず自分がそう生きることだろう。

福島原発事故が引き起こした困難と悲しみとともにありつづけること、それは自分自身のささやかな暮らしと楽しみを求めることと同様に、私たちにできることではないだろうか。この美しい星がこれ以上破滅に向かわぬよう、この最悪の事故を体験した大人として、一人ひとりができうることを、いまやるべきだろう。

東電福島原発事故刑事訴訟のいま

(『歴史地理教育』2018年2月号)

ようやく始まった刑事裁判

2017年6月30日は、朝から雨だった。東京地方裁判所前には午前7時前から、一人二人と人が集まりはじめ、8時20分の傍聴抽選手続き終了までには、700人を超す人であふれかえった。この日、東京電力福島原発事故の責任を問う刑事裁判がようやく幕を開けた。東京地裁104号法廷の傍聴席は97席、報道関係者用の席を除くと54席。それに717人が傍聴を申し込んだ。朝4時にバスで福島市を出発した、福島県内からの傍聴希望者24人は手続きに間に合わなかった。

傍聴券を手に入れた人は、法廷入り口で厳しいチェックを受けた。荷物は預けなければならず、筆記用具などの携帯品は、メモ帳のページを一枚ずつめくるなど念入りに調べられた。金属探知機にもかけられ、最後に衛視が手で触り身体をチェックする。法廷に入ると、すでに検察官役の指定弁護士、被害者参加制度による被害者代理人弁護士、そして3人の裁判官が着席していた。すべての傍聴人が入廷すると、衛視によって各扉と傍聴席がしっかりと監視され、ようやく3人の被告人が弁護人とともに入廷した。被告人に守られる権利があるのはわかるが、傍聴人の私たちはなんだか妙な気持ちだった。

午前10時に開廷。元東電会長の勝俣恒久、元副社長の武黒一郎、武藤栄の3人の被告人の人定質問があり、次に起訴状が朗読された。起訴状の概要は、被告人は原発の敷地高さ10メートルを超える津波が襲来し、建屋が浸水して電源喪失が起き、爆発事故などが発生する可能性を事前に予測できたのに、防護措置・原子炉停止などの対策をする義務を怠った、というものだ。

それに対し、勝俣元会長は「会長職には業務執行権限がなく、部下の判断を尊重する謙《けん》抑《よく》的・自制的な立場をとっていた。原子力や津波の専門知識もないため、部下に任せていた」。武黒元副社長は「指定弁護士が指摘する津波シミュレーションの結果の報告や対応策について、具体的な報告を受けたわけではなく、記憶にはない。会議の資料に記載があったからといって内容をすべて認識していたわけではない」。武藤元副社長は「国の機関の見解に基づき津波のシミュレーションをおこなったが、そもそもその見解は信頼性がないと考えていた。計算は試しにおこなったもので、その結果をもって予見ができたとは言えない」などとして、それぞれ無罪を主張した。自分には責任がないというのだ。裁判という場では通常このような主張がされるものなのか、私にはわからないが、何十万人という多くの人の人生を狂わせる事故を起こして、この無責任さは何だろう。法廷で彼らの主張を聞きながら、あらためて愕然とした。

被告人3人に共通する主張は、

・文科省の地震調査研究推進本部が2002年に発表した「長期評価」に基づいて津波シミュレーションをおこなったところ15・7メートルを超える数値を得たが、長期評価は信頼性・成熟性が低いと考えており、一般社団法人土木学会が策定した手法を用いて安全性を確認していた。津波シミュレーションは試しにおこなったものであり、津波を予見できたわけではない

・仮に予見していたとしても、シミュレーションをもとに津波対策をおこなった場合、原発建屋の南側に防潮堤を造ることになったはずであるから、南側だけでなく東側からも来襲した今回の津波は回避不可能なものであった

などというものだ。

これに対し指定弁護士たちは、さまざまな証拠を示してみせた。土木学会が地震学者たちに対しておこなったアンケート調査では、国の長期評価のほうが土木学会手法より支持されていたし、東電自身、新規建設予定の青森県東通《ひがしどおり》原発の申請書では長期評価を採用していた。東電の社員たちのメールのやりとりからは、当然、長期評価を採り入れる前提で津波対策を進めていたことがわかった。証拠のひとつに防潮堤の図面がある。その「立体図」を見ると、防潮堤は原発をぐるっと囲むように配置され、どの方角から波が来ても防ぐことができるようになっている。「東側から津波が来たのだから、対策をしたとしても防げなかった」との被告人らの主張が嘘であったことがはっきりと示された一枚だった。そのように対策案が武藤元副社長に報告されたが、結局、対策がとられることはなかった。

勝俣元会長や武黒元副社長はこの経緯を知らなかったと主張するが、これらのことは通称「御前会議」と呼ばれた会議の中で報告されている。「御前」とはもちろん当時の勝俣会長のことを指している。対策費用が数百億円にのぼる重要案件を、勝俣会長が知らなかったはずがない。また武黒元副社長は、武藤元副社長の前任の原子力部門のトップであり、武藤元副社長ら原子力部門の部下からたびたび報告が入っていたことがうかがえる。

指定弁護士のひとり神山啓史弁護士は、冒頭陳述の最初で次のように述べている。

人間は、自然を支配できません。

私たちは、地震や津波が、いつ、どこで、どれくらいの大きさで起こるのかを、事前に正確に予知することは適いません。

だから、しかたなかったのか。

被告人らは、原子力発電所を設置・運転する事業者を統轄するものとして、その注意義務を尽くしたのか。

被告人らが、注意義務を尽くしていれば、今回の原子力事故は回避できたのではないか。

それが、この裁判で問われています。

裁判へ至る道のり

裁判が開かれるまで、５年の歳月を要した。それは、２０１２年６月と11月に、福島県民をはじめとする全国１万４０００人からなる福島原発告訴団が、福島地方検察庁に刑事告訴をしたことから始まった。検察は翌２０１３年に、東電元幹部、政府関係者、学者など、告訴された33人全員を不起訴処分とした。不起訴を不服として東京検察審査会に申立て、２０１４年７月、２０１５年７月と二度の「起訴相当」議決がされ、強制起訴が決まった。この間、毎月のようにバスを仕立て、東京地検、東京地裁前でアピール行動を続けた。強制起訴が決まった日は晴天で、空は一面に晴れわたっていた。東京地裁前で見た、その空の青さを忘れられない。

検察庁は、何十万の人々に甚大な被害を与えた原発事故の責任を問う必要はないと判断した。不起訴処分の説明会では、理由を問われた検事が「大津波を予見できなかった。たとえ予見したとしても、建屋南側のみに防潮堤を造る対策になったはずだから、今回の津波を防ぐことができなかった」と主張した。先に述べた通り、実際には原発を囲むように防潮堤を造る計画が立てられていた。その証拠図面は検察の捜査によって押収されたもので、検察は決定的な証拠を持ちながら、それを隠し、嘘の説明をしていたことが、裁判が開かれたことによって発覚したのだ。しかし、そのように歪められようとした検察行政を正したのは、一般の市民から選ばれた検察審査会の審査員たちだった。その意味でも、この裁判は市民の力で勝ち取った裁判であるといえる。

郵 便 は が き

料金受取人払郵便

本郷局承認

3935

差出有効期間
2022年1月31日
まで

(切手を貼らずに
お出しください)

1 1 3-8 7 9 0

473

(受取人)
東京都文京区本郷2-27-16 2F

大月書店 行

注文書

裏面に住所・氏名・電話番号を記入の上、このハガキを小社刊行物の注文に利用ください。指定の書店にすぐにお送りします。指定がない場合はブックサービスで直送いたします。その場合は書籍代税込2500円未満は800円、税込2500円以上は300円の送料を書籍代とともに宅配時にお支払いください。

書　名	ご注文冊数
	冊
	冊
	冊
	冊
	冊

指定書店名 (地名・支店名などもご記入下さい)	

ご購読ありがとうございました。今後の出版企画の参考にさせていただきますので、下記アンケートへのご協力をお願いします。

▼※下の欄の太線で囲まれた部分は必ずご記入くださるようお願いします。

●購入された本のタイトル	
フリガナ お名前	年齢　　　歳
電話番号（　　　　）　　　—	ご職業
ご住所　〒	

●どちらで購入されましたか。

市町
村区　　　　　　　　　　　書 店

●ご購入になられたきっかけ、この本をお読みになった感想、また大月書店の出版物に対するご意見・ご要望などをお聞かせください。

●どのようなジャンルやテーマに興味をお持ちですか。

●よくお読みになる雑誌・新聞などをお教えください。

●今後、ご希望の方には、小社の図書目録および随時に新刊案内をお送りします。ご希望の方は、下の□に✓をご記入ください。

□ 大月書店からの出版案内を受け取ることを希望します。

●メールマガジン配信希望の方は、大月書店ホームページよりご登録ください。（登録・配信は無料です）

いただいたご感想は、お名前・ご住所をのぞいて一部紹介させていただく場合があります。他の目的で使用することはございません。このハガキは当社が責任を持って廃棄いたします。ご協力ありがとうございました。

ここに至るまでに多くの告訴人が亡くなった。２０１２年にともに肩を並べて福島地検への道のりを歩いた私の親友も、がんを発症し亡くなった。初公判の日の雨は、裁判開始を見ずして亡くなった多くの原発事故被害者たちの涙雨だったのかもしれない。第２回公判は２０１８年１月26日、第３回は２月８日、第４回は２月28日と決まった。今年いっぱい証人尋問が続くという。判決までにはまだ何年もの時間を要するのかもしれない。しかし私たち告訴人は、「被告人より一日でも長生きをして判決を見届けよう」を合言葉に、長い年月をたたかっていくつもりだ。

現在、裁判長に宛てて「厳正な判決を求める署名」をおこなっている。私たちはこの裁判において、法治国家としての司法のありかたも問いたい。多くの人がこの裁判に関心を持ち、見つめつづけることは、検察官役の指定弁護士を励まし、裁判官たちが公正な判断を下す助けになるだろう。

福島の現状

原発事故から7年が経つ福島の現状についてふれておく。現在、福島の新聞やテレビなどのメディアには、復興、帰還、健康づくり、夢、未来などの言葉が飛び交う。２０２０

年のオリンピックに向けて莫大な復興予算が投入され、イノベーションコースト構想なるものがさかんに計画・実施されている。浜通りと呼ばれる沿岸地域を中心に、大型風力発電、メガソーラー、木質バイオマス発電、廃炉技術や遠隔技術の開発施設が建設されている。放射能汚染がもっとも深刻な福島第一原発立地町である双葉町にも、原発事故の被害の実相を伝えるというアーカイブ拠点や産業会館等が建設を予定され、高校生の修学旅行を誘致するという。県はオリンピックまでにすべての避難者を帰還させたいと考えている。

しかしその陰では、著しい人権侵害が起きている。現在推進されている帰還政策は、除染をして元通りの安全な場所に戻ったからお帰りください、というものではない。年間被曝線量が20ミリシーベルトを下まわる地域には、被曝を我慢して暮らせというものである。事故前の20倍の基準である。保養などの帰還後の被曝防護策はとくになく、避難解除後は、帰還しなくとも精神的賠償や避難住宅の無償提供を打ち切られる。たちまち生活が困窮し、追い詰められて望まない帰還をする人、ホームレスになった人や自死する人も出ている。実質的な被害者の切り捨て策である。

除染によって発生した放射性廃棄物は県内に現在2200万トン存在する。多くはフレコンバッグという袋に詰められ仮置き場に積まれているが、家庭の庭に埋められたり、玄関先に置かれているものもある。学校の校庭や公園にも埋められたが、現在、汚染土を掘り返し新しい袋に詰め替える作業がおこなわれている。これらは中間貯蔵施設に運ばれるが、２０１７年度の計画では運ばれるのは50万トンのみだ。環境省は処理しきれない除染土を再利用することに決め、飯舘《いいたて》村で造成地としての実証事業がおこなわれる。私たちの暮らしは放射性のゴミとともにある。

福島県県民健康調査における甲状腺検査では、がんとがんの疑いが現在１９３人となっている。原発事故前の小児甲状腺がんの発症率が１００万人に１～２人であるのに対し、スクリーニング効果を考慮しても多発と言える状況だが、県民健康調査検討委員会は「原発事故との関連は考えにくい」との見解である。しかしこの数字のほかに、県民健康調査に報告されていない甲状腺がん患者がいることが発覚した。県民健康調査の甲状腺検査を受けた後に「経過観察」とされた人が、次回の県民健康調査の前にがんが発見された場合、県民健康調査の報告に反映されていないというのだ。経過観察となった人は１巡目・２巡目の検査を合わせてのべ約２７００人いるという。その中に何人のがん発症者がいるのか、県民健康調査検討委員からも調査すべきだとの意見があがり、被害者団体からも申し入れがあった。ようやく県立医大が調査に乗り出すことになったが、調査に2年もかけるという。原発事故被害者に唯一おこなわれている健康に関する調査であるにもかかわらず、正しい結果も知らされていないのだ。

２０１６年には、福島市の高校生が廃炉作業中の福島第一原発の見学をしたとの報道があり仰天した。本来、原発などの放射線管理区域では18歳未満は働いてはいけないことが労働基準法に定められている。しかし放射線管理区域と同等の（放射線源が管理できていないという意味ではより劣悪な）場所の見学に、16歳、17歳も参加していたのだ。この日の見学で彼らが受けた被曝は10マイクロシーベルトだったそうだが、これはしなくてもよい被曝ではなかったか。このことが、福島原発には高校生が入ることもできるという安全の宣伝に利用される懸念はないだろうか。この後、福島大学でも授業の中に原発見学が採り入れられた。

オリンピックを利用した復興熱の中、まるで事故がはるか過去のことだったような報道がなされ、不安を持つ者は胸の内にそれを潜ませながら口をつぐむ。それは無理やり強いられたあきらめ、強いられた絆、強いられた復興だ。人間の尊厳を損なうものだ。それがいまの福島で起きている。

海の日に寄せて

（「これ以上海を汚すな！市民会議」海の日アクション集会、２０１９年８月）

エメラルド色に輝く海の
その奥深く、舞い降りていく
光も届かぬ海溝の付近。
重なりあうプレートが、眠る火山がためこんだエネルギーは
あるとき満ちて躍動する。

3・11のあの日に、私たちは地球のエネルギーを目の当たりにした。
海岸で、あるいはテレビで見たあの凄まじい光景は、だれもが忘れられないだろう。
とうてい人類にはコントロールできないもの。

海は幾多の命を生み出し、育み
そして幾多の命を飲みこみ、循環させる。
それは源であり、帰るところ。

はるか縄文の時に遡《さかのぼ》れば
海辺の貝塚は命を戻す場所だった。
採っては食べ、感謝し埋葬する。
波打ち際は、生と死の境界であり通じるところ。

私が生まれて初めて見た海は、いわき四倉の海だった。
4歳の私は「お父さん、この川、はじっこがない！」と泣いた。
ただただ、その大きさと力に圧倒された瞬間だった。

人はそれぞれの海を、その身に内包しているはず。

なのに、畏《おそ》れを知らない私たちは
掘り出してはいけないものを掘り出し
汚してはいけない海を汚す。

80枚のビニール袋を飲みこんで死んだクジラ。
重油にまみれて動けない海鳥。
浮島のようにさまよいつづける発泡スチロールの群れ。
辺野古《へのこ》のサンゴを埋めつくす砂利とコンクリート。
テラの単位で流れ出た放射性物質。
水と分かち難いトリチウムをさらに流すというのか。

遠くまで来すぎた私たちは、
いま立ち止まり、自分のしていることを見つめなければならない。

これ以上、海を汚してはいけない。
これ以上、この星を汚してはいけない。
これ以上、命の源から離れてはならない。

放射能安全神話と原発事故の責任

（東京保険医協会発行『診療研究』552号、2019年11月）

この原稿が皆さまの目にふれるころには、私が7年半かかわりつづけた福島原発事故の責任を問う東電刑事裁判の、3人の被告人に対する判決が明らかになっていると思います。どのような判決であれ、この原発事故は何十万人もの人々に実に深刻な被害をもたらしました。とりわけ原子炉から環境に撒き散らされた放射性物質が、人やほかの生き物に被曝をさせた事実は明確です。それは人々の、とくに若者や子どもたちへの脅威となり、拭《ぬぐ》いきれない健康に対する心配や不安の種となっています。

誰のための健康調査なのか

福島県内で事故後、唯一おこなわれている健康調査は、事故当時18歳以下の子どもに対する甲状腺検査だけです。38万人以上が対象となり、県民健康調査甲状腺検査として2年に一度の検査がおこなわれ、現在4巡目となっています。この県民健康調査には多くの問題があると感じています。

ひとつには、県民健康調査で公表されている甲状腺がんの数が、正確な数字ではないということです。一次検査から二次検査へ進んだ子どものうち、がんは見つからず「経過観察」とされた例の中で、2年後の甲状腺検査ではなく経過観察中に保険診療でがんが見つかった場合、罹患者数にカウントされないのです。県民健康調査検討委員会の中でも問題とされましたが、のちにさらに11名が、経過観察中に福島県立医大で保険診療による手術を受けていることが明らかになりました。このことは先に県立医大の論文によって発表され、検討委員会に示されたのはその後でした。また、民間の甲状腺がん患者支援団体である「3・11甲状腺がん子ども基金」では、県民健康調査以外でがんが見つかった、福島県の事故当時18歳以下の罹患者が17人いることを発表しています。このように、検討委員会では正確な甲状腺がんの罹患数も把握されていないのに、検査1巡目、2巡目ともに原発事故による被曝との関連を「考えにくい」や「認められない」としています。

二つめの問題として、通常100万人に1～2人とされている小児甲状腺がんが、数十倍発見されていることです。１巡目の検査で多数発見されはじめたときに、これは精度の高い検査機器を使っているからだとか、将来見つけるはずだった向こう30年分の甲状腺がんをいま見つけたのだ、などと言われてきましたが、では１巡目で見つからず、２年後の２巡目で見つかった71例は、どのように説明されるのでしょうか。また、放射線の数値が高かった地域と甲状腺がんの発見率が比例していないとの理由もあげられていますが、２巡目で地域差があらわれてきたところ、福島県立医大は地域差の解析方法を１巡目とは変えてしまいました。２巡目での地域差の根拠としたのは、ＵＮＳＣＥＡＲ２０１３年報告*を用いたものですが、このグラフに誤りがあることを外部から指摘され、県民健康調査検討委員会甲状腺評価部会の部会員に修正版を送付したのは、「甲状腺がんと放射線被曝のあいだの関連は認められない」とした部会まとめ案を発表する日の直前でした。部会員の中からも、この部会まとめは「60点」「半分」という意見が出されています。また、事故当時０〜４歳児の発症はないとされていることが、「関連は認められない」の根拠のひと

＊ＵＮＳＣＥＡＲ２０１３年報告……「２０１１年東日本大震災後の原子力事故による放射線被ばくのレベルと影響」と題され、国連機関であるＵＮＳＣＥＡＲが福島原発事故による放射線被曝の影響について報告したもの。以下で閲覧できる。https://www.unscear.org/docs/reports/2013/14-02678_Report_2013_MainText_JP.pdf

つとなっていますが、先の「3・11甲状腺がん子ども基金」は、当時4歳であった子どもが発症していることを発表しています。

これらの経過を見てくると、この検査はいったい誰のためにおこなわれているのか、なぜ正しい情報が私たち県民には与えられないのかという疑問が湧きあがってきます。さらに、検討委員会の中からも「この検査は過剰診断であり、見つけなくてもいいがんを見つけ、しなくてもいい手術をして、患者に苦痛を与えている。無症状の子どもに対し超音波検査は健康被害をともなう。学校検診としておこなわれることで、子どもたちが危険にさらされている」という意見を出す委員もいて、保護者あての検査のお知らせ文書はデメリットを強調する記載に変えられました。

もちろん過剰診断はあってはいけないし、検査を受けるか否かは個人の意思で決められるべきです。しかし、もともとこの検査の受診は本人や保護者の自由意思です。原発事故が起きた福島県での健康調査の意味とは、これまでにはなかったリスクを負った県民に対して、病気が発生していないかを調べ、早期発見、早期治療することにあり、少しでも県民の健康を守ることにあるのではないでしょうか。検査の縮小論も出ていますが、むしろ検査間隔を短くし、サポートを手厚くするなどの改善が必要だと思います。原発事故で拡散された放射性物質による健康被害は、その特定が非常に難しいことはわかりますが、事故由来ではないということが証明されたわけではありません。現段階でわからないのであれば、予防原則に立って人々の健康を守り、放射線の影響が疑われる疾患に関しては生涯保障していく制度が必要だと思います。

いま必要な放射線教育とは

もうひとつ、大きな問題だと感じているのは、放射線に関する子どもたちへの教育です。私の住む福島県三春町に「環境創造センター」が開設されたのは2017年の7月で、すでに10万人を超える人々が訪れています。事務所である本館のほか、研究棟と交流棟があり、研究棟は放射性廃棄物の処理方法や除染の研究、ダムの水の汚染状況を調べることなどをしています。交流棟は人々に対する放射線教育を目的とするところで、「コミュタン福島」という愛称が小学生の公募によってつけられました。学校単位の校外学習などで、福島県の小学5年生は全員がそこを訪問することになっています。原発事故があった福島県で、放射線の教育は重要なことだと思いますが、どのような内容の教育がなされるかが問題です。ここで学習した子どもたちの感想文を読んでみると、「放射線は怖いものだと思っていたが、ここで勉強して自然界にも食べ物の中にもあることがわかった。飛行機に乗っても被ばくすることがわかった。医学や科学に役立つことがわかった。だから安心した。日本中の人がここで勉強すれば、福島に対する差別がなくなると思う」といったものが多くの感想でした。本来は、現実に自分の身のまわりにある放射性物質の危険性を理解し、そこから身を守ることを学習することが何よりも大切だと思います。交流棟には子どもたちが喜びそうな球形の大スクリーンや放射線ブロックゲームなどが工夫されていますが、現実に放射能汚染がある地域の子どもに対して必要な学習となっているのか、大いに疑問です。

また、文部科学省が発行し全国の学校に配布されている「放射線副読本」という教材があります。2011年の原発事故を受けて、その年に改訂版が出ましたが、原発事故の実態の記載がないなど多くの批判が出ました。そのため、福島県教育委員会や福島大学の有志が独自の副読本を作成するということもありました。批判を受け文科省は2014年度に改訂をしました。問題は残っていたものの、大きく改善がなされ、原発事故についての記述や反省の姿勢もうかがわれました。ところが2018年度にさらなる改訂がなされたことで記述が大きく後退し、改悪とさえ言えるものでした。

福島大学の後藤忍准教授は、放射線副読本の中学生・高校生用の2014年度版と2018年度版を比較分析し、不適切な改訂がされていることを指摘しています。たとえば2018年度版副読本において、2014年度版から削除された主な内容としては、事故を起こした原発の写真、広域的な汚染地図、「汚染」の単語、国際原子力事象評価尺度（INES）レベル7という記述、被曝線量と健康影響とのあいだの比例関係（LNTモデル）、低線量被曝による健康影響の不確実性、子どもの被曝感受性など。反対に2014年度版で削除されたものが復活した例では、放射線の日常性や利用性を示す情報、放射線の測定機器に関する情報など。2018年度版副読本において新たに追加された内容としては、被曝による健康影響に関する楽観的な見方の情報、放射線被曝と関係のないリスクの比較、福島県出身者へのいじめに関する資料、復興のようすをあらわす情報などです。後藤准教授はこれらの改訂について、「原発事故の過小評価（副読本紙面の除染）」「放射線被ばくの安全神話の流布」「いじめ問題・復興への焦点ずらし」と指摘しています[*]。

私は、これは若者や子どもたちへのひとつの攻撃だと感じています。残念ながら日本は、

＊……後藤忍「紙面が〝除染〟された『放射線副読本』」（『科学』2019年6月号）。

子どもを守ろうとしない国だということです。私は自分の住む自治体に、文科省の２０１８年度版の放射線副読本は使用せず、独自の副読本を作成してほしいと要望書を出しました。多くの自治体で、このような副読本が教育に使われることがないことを望みます。

その他の現状

福島第一原発では、いまも放射性物質に汚染された水が発生しつづけていますが、その汚染水を意図的に海に放出してしまおうという動きがあります。また、原発事故の際にベントをして高濃度に汚染された排気筒について、遠隔操作での解体が始まりました。東電は規制庁から、排気筒が万が一倒壊した場合のリスク評価を２０１３年からたびたび求められていましたが、とうとう評価を提出することなく、解体してしまえばうやむやにできると考えているのでしょうか。原発作業員の過酷な被曝労働の問題はいまも絶えません。

原発サイトの外でも多くの問題が起きています。除染によって集められた汚染土が、再生資材と名を変えて、高速道路の土台や農地のかさ上げとして全国で再利用されようとしています。原発事故後に県内３０００か所に設置したモニタリングポスト（リアルタイム線量測定システム）について、原子力規制委員会はそのうち２４００台を撤去する方針であると発表しました。

事故前は1年間に1ミリシーベルトが限度とされた放射線被曝線量は、避難解除地域だけは20ミリシーベルトでよいというダブルスタンダードの基準のもとに帰還政策が進められ、避難解除とともに賠償や住宅の無償供与が打ち切られています。とくに区域外避難者は、福島県が独自におこなった支援策も打ち切られ、逆に福島県が避難者に対し、2倍の家賃の損害金を請求し裁判に訴えるという事態にまでなっています。原発事故のために避難せざるを得なかった人たちが、このようなひどい目にあわされる。まさに棄民としか表現できません。

楢葉《ならは》町にあるサッカー場「Jヴィレッジ」は、事故後、原発の収束作業に出かける作業員たちの中継基地となり、放射性物質で汚染された車を洗車したり、防護服を脱いだりした場所です。ここをオリンピックの聖火リレー出発点とするために、除染をし、人工芝の張り替えなどがおこなわれましたが、その作業に楢葉町に帰還した小学生たちが駆り出されました。また、オリンピックの野球の試合がおこなわれる予定の福島市の運動公園は、除染土置き場となってフレコンバッグが山積みにされていましたが、その公園に花を植える作業にも地元の小学生が参加しています。オリンピックを利用して、原発事故の避難者や被害そのものを見えなくさせようとしていると感じます。

私は原発事故直後、これだけの深刻な犠牲はあったが、きっと日本はエネルギー政策や利潤優先の考えかた、人々の暮らしかたが変わってゆくだろうと思いました。しかし原発は次々に再稼動し、エネルギーのベースロード電源として位置づけられ、いっぽうで被害者の救済は打ち切られ、蔑ろにされています。原発事故の反省はおろか、人権の侵害であり、命の尊厳が踏みにじられつづけています。

原発事故の責任

冒頭にふれた東電刑事裁判は、2012年6月に福島県民1324人が、福島地方検察庁に33人と法人としての東京電力を刑事告訴したことに始まります。2011年の終わりごろに当時の野田政権は原発事故の収束宣言を発表しました。しかし被害者の賠償などの救済は進まないままに、遠く西のほうで別の原発の再稼動が始まりました。何十万人もの人々に、その人生をすっかり変えてしまうほどの被害を与えた事故について、明確な責任を問われた人は誰ひとりいませんでした。通常、工場などで大きな事故が起きた場合は、警察や検察がその会社の強制捜査をおこないますが、この原発事故ではいまだにされていません。そして、加害者であるはずの東電が賠償の範囲を指定したり、国が設置した紛争解決機関の和解案を拒否したり、「放射性物質はもともと無主物」と主張して賠償を拒否するなど、とても事故を起こした原因者のふるまいとは思えないことがありました。

なぜこのようなことが許されるのか。それは、この事故の責任がきちんと問われていないからではないのか。真実も責任も明らかにされないまま、この事故が終わりにされては、またいつか同じ核の悲劇をくりかえしてしまうことにならないか。このような悲劇を二度と起こさないように、責任がどこにあるかを明らかにしてきちんと反省し、私たちの社会が歩むべき道を少しでも修正したい。そんな思いで、福島原発告訴団を結成しました。

まず福島県民1324人が告訴をし、2012年11月には全国から1万3262人以上が告訴・告発人として二次告訴をしました。私たちは何度も検察庁に赴き、刑事責任を問うべく起訴をするよう求めていましたが、検察庁は東京オリンピック招致決定の前日、全員を不起訴とすることを公表しました。私たちはそれを不服とし、検察審査会に申立てました。一般市民からなる検察審査会は、二度にわたり3人の東電元幹部に「起訴相当」議決を出し、ようやく刑事裁判が開かれることとなりました。2017年6月30日に初公判、2018年だけで35回の公判が開かれるハイペースの審理を経て、2019年3月12日に結審。同年9月19日が判決日となりました。

公判では、21人の証人が証言し、また数々の証拠が示されました。2002年には政府機関である地震調査研究推進本部が「三陸沖から房総沖の日本海溝沿いどこでもマグニチュード8クラスの津波地震が起きうる」という長期評価を公表しました。2006年には耐震設計審査指針が改訂され、最新の知見として長期評価を採り入れた対策をしなければならないこと、そうするとこれまでの想定を超える津波高になることを、すでに東電は認識していました。当時の東電の津波対策担当者のメールには、「NGであることがほぼ確実な状況」「津波がNGとなると、プラントを停止させないロジックが必要」という、生々しいやりとりが残されています。

津波の対応などについて、当時社長だった勝俣恒久被告人らに報告する会議は「御前会議」と呼ばれていました。勝俣被告人が当時、東電内部で「天皇」に例えられるほどの存在であったことがわかります。その会議で、いったんは長期評価を採り入れた対策について了承されました。そして東電は子会社に、長期評価を採り入れた場合、福島第一原発を襲う津波がどのくらいの高さになるか計算を依頼し、その結果15・7メートルという結果を得ます。この計算の依頼を指示したのが、のちに福島第一原発の所長として事故対応に当たることになる吉田昌郎《まさお》・原子力設備管理部長でした。津波対策担当者たちは、その対策として、原発建屋のある海抜10メートルの敷地に、さらに10メートルの防潮壁を建設する案や、港の外側に防波堤を建設する計画を作りました。ところが、当時原子力立地・副本部長だった武藤栄被告人は、これらの対策をすぐに実行せず、土木学会に研究させる名目で実質的な先延ばしを指示しました。担当者のひとりは「予想もしない結論で力が抜けた」「その後の会議の記憶がない」と法廷で証言しました。いったんは対策すると決めた方針を、なぜ先延ばしにしたのか。ある幹部の供述調書では、「2007年の新潟県中越沖地震により柏崎《かしわざき》刈羽《かりわ》原発が被害を受け、全基停止を余儀なくされ、東電は赤字経営におちいった。この上さらに巨額の津波対策工事が必要になることや、津波対策完了まで原発を停止させられることを恐れた」という内容の供述がされていたことがわかりました。

このような経緯について、勝俣元会長ら3名の被告人は、法廷で口々に「報告は聞いていない」「資料を読んだ記憶はない」「メールは見ていない」「自分には権限がない」「責任は自分にはない」などと答えました。安全よりも経営を優先して、やろうと思えばできたことをやらずに、多くの人の命を奪い、人生を根底から変えてしまうような被害を与えた。これが犯罪でなくて何なのだろうと思います。

起きてしまったことは変えられないけれど、自分のしたことを反省し、二度と同じ悲劇をくりかえさないための教訓となるよう罪を償うこと。これが3人の被告人に私が望むことです。

もちろん、この裁判で原発事故のすべての真実が明らかになるわけでも、すべての問題が解決するわけでもありません。ほかのたくさんの裁判やジャーナリストたちの努力で、少しずつ真実が浮かびあがってきています。たとえ小さくても、多くの人々の思いや行動、抗いや創造がなければ、私たちの社会はこの原発事故をほんとうに反省することや、そこから新たな道を見つけていくことはできないと思うのです。

深い憤りと悲しみの中から

（子どもたちの健康と未来を守るプロジェクト発行『こどけん通信』14号、２０１９年12月）

青空にまぶしく映えた紅葉も終わり、阿武隈山系は寒々とした色に変わってきました。それでもなお美しい福島の晩秋です。

原発事故から９年が経とうとしています。それぞれの人生の中で、この事故はいまどんなふうに位置づけられているのでしょう。全国をまわってみて、あるいは報道などで感じるのは、とうに過去のものにされているという気配です。福島県の中でも「復興だ、オリンピックだ」の声が大きく響き、いつまでも原発事故の被害者であってはいけないような雰囲気が漂っています。

でも、私の中では事故はいまだ収束すらしておらず、何の解決もされず、反省も、教訓を生かすこともされていないと感じています。そしてこの９年間、納得できない理不尽な思いと、当たり前の正しさが通らないふしぎさを抱えて生きてきました。
その最たるものが、２０１９年９月19日のできごとでした。その日、私は東京地方裁判所１０４号法廷で叫んでいました。「まちがってる！　こんな判決！」と。福島原発事故の責任を問う、東電旧経営陣３人を被告人とした刑事裁判一審の判決「全員無罪」と、その判決理由に対する、我慢の限界を超えた叫びでした。

自分の人生の中で、よもや裁判にかかわることがあろうとは思ってもいませんでした。３・11が起き、人生が根底から覆されてしまった人は何十万人もいます。私もそのひとりです。

１９８６年のチェルノブイリ原発事故で初めて原発の危険性を知り、無知であった自分を反省し原発の反対運動に加わるいっぽうで、山の中で小さいカフェを営みながら、できるだけエネルギーを節約して自然と共存し、ささやかに生きることを望んでいました。
原発事故が起き、衝撃と恐怖を感じる日々を送るいっぽうで、これで日本のエネルギー政策も人々の価値観も変わり、いままでとは違った社会がようやく訪れるだろうという期待もありました。

しかし、そうはなりませんでした。東電や政府は、メルトダウンやＳＰＥＥＤＩの真実を隠し、放射線の危険性を矮小化し、年間の許容被曝限度の数値を20倍に引き上げました。子どもたちを守ろうとはしませんでした。加害者である東電が賠償の範囲を決め、ＡＤＲ（原子力損害賠償紛争解決センター）の和解案を拒否しました。そんな中、西のほうでは原発の再稼動が始められました。目の前で次々に起こる理不尽なできごとに驚きながら、なぜこんなことになってしまうのだろうと考えました。そしてやはり、責任を取るべき者がきちんと責任を取らなければ、この状態は変わらないのだと思い、刑事告訴に踏み切るしかないと、福島原発告訴団を設立しました。約１万５０００人の人々が一緒に立ち上がってくれました。それが出発でした。人に罪を問うということは、自分自身にもまた問われるものがあります。この裁判の意味を考え、私たちは告訴をするにあたり「告訴声明」を発表しました。少し抜粋します。

私たちは、原発事故により、故郷を離れなければならなかった者。
私たちは、変わってしまった故郷で、被曝しながら生きる者。
私たちは、隣人の苦しみを我がこととして苦しむ者。

そして私たちは、
経済や企業や国の名のもとに人々の犠牲を強いるこの国で繰り返される悲劇の歴史に、
終止符を打とうとする者たちです。

この事故はどうして引き起こされたのか。
そしてなぜ被害を拡大するようなことが行われたのか。

私たちは真相を究明し、今も続く原発事故の被害を食い止めなければなりません。
責任を負うべき人々が責任を負い、過ちを償うことができるよう、
民主主義社会のしくみを活かしていかなければなりません。

私たちは、深い憤りと悲しみの中から、
今回の告訴という行為の中に、未来への希望と、人と社会への信頼を見出します。

私たちはもう一度、その意味の深さを思い起こします。

事故により引き裂かれた私たちが、再びつながり、力と尊厳を取り戻すこと。

この国に生きるひとりひとりが大切にされず誰かの犠牲を強いる社会を変えること。

これらを実現することで、子どもたちや若い人たち、未来世代の人たちへの責任を果たすこと。

声を出せない人々や生き物たちと共に在りながら、
決してバラバラにされず、つながりあうことを力とし、
怯むことなくこの事故の責任を問い続けていきます。（福島原発告訴団　第二次告訴声明）

検察の二度にわたる不起訴処分、検察審査会の二度の起訴相当議決を経て、２０１６年に強制起訴がおこなわれ、ようやく手にした刑事裁判は、２０１７年６月に始まりました。東電の新旧経営陣や経産省幹部、避難の不要を訴えた学者など33人を告訴しましたが、裁判の被告人となるのは東電旧経営陣３人だけとなってしまいました。

37回にわたって開かれた公判では、政府機関である地震調査研究推進本部が２００２年

に公表した長期評価に基づいて計算すると、福島第一原発を15・7メートルの津波が襲うという計算結果を２００８年には認識しながら、社員たちの津波対策案を経営陣が先延ばしし、何の対策もしないままに3・11を迎え原発事故に至ったことを罪状とする、業務上過失致死傷罪が問われました。証人による証言や、東電社内のメールや議事録など多くの証拠によって、経営陣の不作為が立証されていきました。また、原発事故による避難の過程で44人もの死者が出た双葉病院の患者たちの壮絶な避難のようすも、医師や看護師、遺族たちによって証言されました。やろうと思えばできた対策を何もせずに事故を招き、何十万人もの住民に重大な被害を与えたことは、明らかに犯罪であると確信できました。しかし3人の被告人は、自分たちは「報告は聞いていない」「議事録やメールを見ていない」「自分には対策の権限がない」などと、全員が無罪を主張しました。

話は冒頭の9月19日に戻ります。裁判長は、全員無罪の判決を言い渡した後に、3時間にわたって、聞き取れないほどの早口で判決の理由を読み上げました。それを聞きながら、裁判長は37回もの公判で審理されたことについて、いったい何を聞いていたのだろう、何を見ていたのだろう、あれだけの証言や証拠がありながら、「これでも罪を問えないのか」

と怒りが湧きました。

裁判所はまちがった判断をしたと思います。

もっとも責任を取るべき人の責任をあいまいにし、二度と同じような事故が起きないよう反省し、教訓とし、社会を変えていくことを阻《はば》んだのだと思います。多くの原発事故被害者は、この判決に納得できない思いを抱えているのではないでしょうか。

検察官役を務める指定弁護士は、「政府の原子力行政に忖度《そんたく》した判決だ」「この判決がこのまま確定することは著しく正義に反する」として控訴をしました。控訴審での審理が始まります。どうか、この裁判に関心を寄せてください。裁判所には、他の権力から完全に独立した正義の砦《とりで》であってほしいと望みつづけます。

裁判について、わかりやすい短編映画「東電刑事裁判　不当判決*」をYouTubeで公開しています。ぜひご覧ください。

10月に日本を襲った台風19号は、除染されていない森林に積もった放射性物質を河川に運び、その川を氾濫させ、川底の泥とともに地上に拡散させました。福島第一原発では、

＊……「東電刑事裁判　不当判決」https://www.youtube.com/watch?v=VY-iMQsxkNU

排気筒から高濃度の放射性物質を含んだ雨水が地中に漏れ出ています。

ひとたび原発で事故が起きてしまうと、長い長い時間、拡散された放射性物質による問題が続いていきます。被害者の人権が著しく侵害される事態が引き起こされます。オリンピックなどを利用して、復興の掛け声を大きくし、事故の現実を覆い隠し、なかったことにされようとしています。

東海第二原発、女川《おながわ》原発、柏崎刈羽原発と、再稼動の気配を感じるたびに、私は身体に震えを感じるほどの恐怖を覚えます。なぜ、一人ひとりの命や暮らしを大切にするという当たり前のことを実現することが、こんなにも難しいのか……。裁判官が原子力行政に忖度などせず、自分を信じて正義の判断ができるには、どんな社会になればよいのだろう。そして私にできることは何だろう。最近はそんな問いが浮かんできます。

原発事故から9年、自問の日々はまだまだ続きそうです。それでも、この日々に、原発事故がなければ決して会うことがなかったであろう人たちと出会い、仲良くなったこともまた事実です。そんな人たちとともに、より良きものをめざして歩んでいくことができる幸せも、感じているのです。

世界の皆さまへ

（2020年3月、在外邦人による脱原発ネットワーク「よそ者ネット」ヨーロッパにて。英・独・伊・仏・蘭語に翻訳）

福島原発事故から9年の月日が経ちました。皆さまの長いあいだの福島への思いと、核をなくすためのたゆまぬ活動に感謝いたします。

いま福島は、3月におこなわれるオリンピック聖火リレーが最大の話題となり、それを利用して、事故がもたらしたさまざまな問題や困難を強引に片付けようとしたり、上手に隠したりしています。いままで帰還困難区域だった地域も部分的に避難指示を解除して人を帰し、不通となっていた常磐線も、帰還困難区域を含めて全線開通させます。聖火リレーが出発するJヴィレッジというサッカー場（福島第一原発から約20キロ）には、すでに全国から大人も子どもも集まりサッカーに興じています。福島県がおこなった聖火リレーコースの放射線量測定では、沿道や車道で毎時0・77や0・46マイクロシーベルトが記録されています。少なくとも県内の13ルートで、除染目安の0・23マイクロシーベルトを超えている地点が見つかっています。聖火ランナーや、沿道で応援する人々を危険にさらすのではないかと心配です。このオリンピックは「復興五輪」と呼ばれています。しかし、被害者にとっての復興など、いったいどこにあるのでしょうか。

このオリンピックは、恥ずべきことに「汚染水はアンダーコントロールである」という、日本の首相の嘘から始まりました。原発サイト内のタンクに溜められたＡＬＰＳ処理汚染水は１２０万トンを超えました。経産省の汚染水に関する小委員会は、それを海洋や蒸気放出する提案を、地元町民のためにと強引に取りまとめました。陸上で保管するための代替案や、トリチウム以外に含まれている他の核種の二次処理についても十分な議論がされていません。漁業者や地元町民も反対しています。人為的に放射能汚染した水を海に流すことは、国連海洋法条約にもロンドン条約にも応えていません。いま、世界からの声が必要です。どうか皆さん、日本が世界の海をこれ以上汚染させないように、力を貸してください。

昨年始まった原発サイト内の排気筒解体工事はトラブルが続き、完全に遠隔操作でおこなうはずの工事でしたが、ゴンドラで人が登り、外側からグラインダーで切る事態にまで至りました。原発作業員の事故は頻発し、「発災から２０１９年上半期までに、東電が公表・認めているだけで死者20人・重症24人・意識不明等29人・負傷222人・熱中症101人」（2019年12月1日、春橋哲史氏ブログより）となっています。

昨年9月に東京地方裁判所が下した、東電旧経営陣の原発事故の責任を問う刑事裁判の判決は、信じられないことに被告人全員が「無罪」でした。この判決は、福島県民をはじめ多くの被害者にとってはおおよそ納得のできないものであり、さらなる苦悩と失望を与えました。検察官役の指定弁護士は「原子力行政に忖度した判決」とコメントしました。37回にわたっておこなわれた公判で明らかにされた多くの証拠や証言をほとんど反映せず、東電に有利な証拠ばかりを拾った判決文でした。原発事故の被害については、具体的にはほとんどふれることはありませんでした。また、政府機関が公表した、最新知見としての津波地震の長期評価の信頼性を全面的に否定しました。原発の安全性に関しても、「社会通念」が国の規制に反映されていて、それは「絶対的な安全を求めていない」ものだったと認定し、「万が一にも事故が起きないように」とした1992年の伊方《いかた》原発訴訟最高裁判決から後退してしまいました。

裁判所はまちがった判断をしました。あれだけの証言や証拠がありながら、「これでも他の罪を問えないのか」と悔しく思います。今後裁判は控訴審に移ります。裁判所には、他の権力から完全に独立した正義の砦であってほしいと望みつづけ、私たちの尊厳を取り戻すために、元気に控訴審をたたかっていきたいと思います。

一日も早く世界中の、核の悲劇の歴史を閉じるために、ともに手をつなぎましょう。

福島より　武藤類子

［寄稿］ 福島から――きちんと絶望すること、そこから次の道を見出すこと

ノーマ・フィールド（共訳・宮本ゆき）

私たちは、静かに怒りを燃やす東北の鬼です

「福島の皆さん、どうぞ一緒に立ちあがってください。

皆さん、こんにちは。福島から参りました。今日は福島県内から、避難先から、何台もバスを連ねて、たくさんの仲間と一緒にやって参りました」

この飾らない言葉で始まるスピーチは、2011年9月19日のまだ暑い太陽のもと、明治公園でおこなわれた「さようなら原発集会」に集まった6万人以上もの人々を奮い立たせました。地震・津波・原発の悲劇から半年後のことです。

この集会は、70年代前半までは日本でも声をあげる人が多くいたことを忘れてしまった世の中に、日本人も理不尽に対しては声をあげるのだ、ということを劇的に証明してくれました。武藤類子さんによるこのスピーチは、インターネットで瞬く間に広がり、国境を超え全世界で視聴されました。その半年後、彼女は福島原発告訴団の団長を務めることになるのですが、この団体の活動の結果ようやく、福島原発事故に対する責任が刑事裁判で問われることになりました。

なぜこのスピーチが、戦後日本の民衆運動において格別な位置を占めることになったのか、武藤類子さんという運動指導者と、彼女の率いる運動とがわれわれに示すものは何かを考えてみたいと思います。

何よりもまず、このスピーチの美しさに注目したいと思います。日本語であれ英語の翻訳であれ、このスピーチの叙情的かつ的確な表現は、書き出され、活字となる時点で、どうしても詩の形態を求めるのです。たとえば、東日本大震災後まもなく、人々が迫られた選択について語るところを見てみましょう。

逃げる、逃げない。
食べる、食べない。
洗濯物を外に干す、干さない。
子どもにマスクをさせる、させない。
畑を耕す、耕さない。
何かに物申す、黙る。

こうした言葉は、事故に実際遭遇した人、実態を知ろうとする人の双方に、当時の絶え間なく身に迫る緊張感を届けてくれるのです。そして、描かれた行為のひとつひとつが孕《はら》む被曝リスクを巧みに示唆しています。表現の美しさが、畳みかけてくる試練を耐えうるものにし、痛ましい経験を心に持ちつづける強さとなり、行動へとつながる契機となっています。それは、もっとも心に残る次のような言葉へと昇華されていきます。

「私たちをばかにするな」
「私たちの命を奪うな」

私たちはいま、
静かに怒りを燃やす
東北の鬼です。

「分断」とは、福島を襲った災いの中でもっとも心に突き刺さるもののひとつで、至るところで出会う表現となってしまいました。国と東電は、精を尽くして「分割統治」を実践していると言ってもいいでしょう。武藤さんのスピーチは、その分断された痛みを直接的、間接的に言い当てているのです。被曝したのでは、するのでは、という生活の隅々にまで押し寄せてくる不安であったり、人の命を守るための当たり前の決断が、他の人をさらに不安にするというものであったりします。

武藤さんは「東北の鬼」という言葉で、何世紀にもわたって民衆が団結して中央の権力に反旗を翻してきたことを喚起し、引き裂かれようとする人たちの一体感を促しています。

ここでスピーチの始まりに戻りましょう。控えめに語る武藤さんは、故郷を離れたにせよ、居残ったにせよ、苦しみながらもひたすら生きつづけようとする数多い人々のひとりであることを訴えています。

１９８６年のチェルノブイリ事故にまで遡る武藤さんの反原発活動は、女性の非暴力直接行動を指針とし、組織の主導権を共有することや、「平場」（level field）の原則を信条としています。２０１１年９月のスピーチから、彼女が培ってきた指導のスタイルがうかがえるでしょう。それを、男性、女性がともに参加する運動として、法廷という、非暴力であると同時に、抽象的で個人を脇に置く、常に現状に対して後手となる場に持ち込んだのです。

法廷でのたたかい

現在、約30を数える福島原発事故にかかわる案件が法廷で争われています。それは集団訴訟と呼ばれるものですが、１万人以上の人が原告となっています。環境問題に関する訴訟としては、沖縄の嘉手納《かでな》米空軍基地の騒音訴訟（２０１１年第三次訴訟）の原告２万２０００人が最大と言われていますが、一方、福島訴訟では、四大公害訴訟と呼ばれたうちのひとつ、水俣の水銀被害における８０００人の原告をすでに超えています。

告訴団の活動の一環として、武藤さんは原発事故被害者団体連絡会（「ひだんれん」）の立ち上げにも携わっています。国と原子力産業を法的に相手取ることは至難の業ですが、２０１５年５月に立ち上げたこの団体は、それぞれが蓄積した情報や経験を共有し、相互支援を望む加入者を求めつづけています。「オブザーバー」を含め、多くの加入団体は「福島原発○○（居住地や避難先など）訴訟原告団」と称しますが、課題をより具体的に示唆する団体名もあります。例をあげると「子ども脱被ばく裁判の会」「ひなん生活をまもる会」「原発さえなければ裁判原告団」「生業を返せ、地域を返せ！福島原発訴訟原告団」「原発被害糾弾　飯舘村民救済申立団」などです。最後に名前をあげた団体は、原子力損害賠償紛争解決（原発ＡＤＲ）と呼ばれる裁判外での法的解決を求めています。県も含め、個人や団体は即時解決を期待して原発ＡＤＲに頼ってきましたが、多くは原子力損害賠償紛争審議会に提示された金額を東電が断ったことに失望し、実際の裁判に移行しています。

こうした中、申立てにおける主張は大きく二つあります。ひとつは精神的苦痛、物理的損害に対する補償、もうひとつは避難継続の支援です。言うまでもないことですが、国と東電は支出を抑えようとしていて、こうした試みは原発事故の影響を矮小化し、あわよくばすべて否定し、日本における原子力発電の役割を守り、海外への進出をも後押しするという政策に端を発しています。

「安全神話」が原発そのものから被曝の影響に移行している現実は、国が本来の年間1ミリシーベルトの除染目標を20ミリシーベルトまで引き上げた例に見られるように、息を飲むほどシニカルな「安全」の再定義にあらわれています。5年間の平均としての年間20ミリシーベルトという基準は、ＩＣＲＰ（国際放射線防護委員会）が設けたもので、本来の対象は原子力産業に携わる者であったはずです。補償の打ち切り（精神的苦痛と物理的損害）と、「避難指示解除準備区域」と「居住制限区域」の解除は、実質的に新たな「安全神話」を補強し、明らかに東京オリンピックを視野に入れたものでした。２０１３年9月に安倍首相がブエノスアイレスのＩＯＣ総会で、福島は「アンダーコントロール」（制御されている）と宣言したのは周知の通りですが、その後「帰還困難区域」でさえ、その一部を帰還可能にしようとしてきました。一方で、事故当初、安全・危険な地域の線引きが同心円で設定されたように、補償金の支払いにも恣意性があり、住民のあいだに疑惑と怨《うら》み、つまり「分断」を生み出しています。

この間、いわゆる「自主」避難者の状況が大きな問題を呈してきました。政府の勧告とは無縁に「自主的」に、つまり「勝手に」避難したとみなされ、それゆえ一般的な災害救助法のもと、住宅補助のみ支給されていたのが、2017年3月に打ち切られてしまいました。そもそも「自主」避難という現象も、政府が避難勧告区域をあまりにも吝嗇《りんしょく》に設定したことに由来します。子どもが放射線の影響に敏感であるという一般的な知識は、避難ができない人たちにとってでさえ、いや、とくに彼らにとって、直視しがたい苦痛の材料です。だからこそ、避難した親たちに「福島を愛していないの？ なぜ福島を傷つけたいの？」といった質問が投げかけられるのかもしれません。避難家族は、自宅と県内外の避難先と、所帯を二つ維持するため家計が逼迫《ひっぱく》し、中手聖一さんという避難者によれば「親は、子どもを貧困に晒《さら》すか、放射能に曝《さら》すか、の二者択一を迫られ」てきました。

福島原発告訴団の使命とは

武藤さんが団長を務める福島原発告訴団は、上記の民事裁判とも問題点を共有しながらも、補償を求めるのではなく、責任を明確にすることを主眼としています。犯罪が起きても警察や検察が取り上げない場合、市民は刑事告訴という措置がとれます。告訴とは、被害を被った市民が、公権力に対して被害の実態を調べ、責任者を処罰することを求める行為です。この告訴は、原発事故後の対応は言うまでもなく、事故そのものを天災とする解釈に抗するものです。福島原発告訴団の第二次告訴声明（２０１２年11月15日）には、次のような言葉があります。


私たちは、原発事故により、故郷を離れなければならなかった者。

私たちは、変わってしまった故郷で、被曝しながら生きる者。

私たちは、隣人の苦しみを我がこととして苦しむ者。

そして私たちは、
経済や企業や国の名のもとに人々の犠牲を強いるこの国で繰り返される悲劇の歴史に、終止符を打とうとする者たちです。


この事故はどうして引き起こされたのか。

そしてなぜ被害を拡大するようなことが行われたのか。

私たちは真相を究明し、今も続く原発事故の被害を食い止めなければなりません。

責任を負うべき人々が責任を負い、過ちを償うことができるよう、民主主義社会のしくみを活かしていかなければなりません。（抜粋）

みずからを被害者として認識することは努力を要する、と武藤さんは考えます。とくに、被害を被ったことに対して鈍感であるほうが、命も暮らしも安泰という暗黙の了解が蔓延する社会では。しかし、責任の所在を問わないでいては、将来の事故の予防も、現在横行する被害の矮小化も、私たちに無力感を植えつけるのみです。同様に、被害を被った事実を認識せずには、被害そのものがあやふやになるのです。告訴状からは、こうした要素が相互依存するさまが読み取れます。

この簡潔で、かつ深淵な論理は、福島地方検察庁に提出された、事故当時福島に住んでいた7歳から87歳までの１３２４名の告訴人の名前と、33名の被告の名前を掲げる書類に見られます。33名の被告の内訳は、東電役員、関係政府機関の責任者、そして医療関係者です。実際の刑事裁判では、このうち3名のみが被告人となりました。武藤さんはこの縮小について、とくに医療関係者の責任追及ができなかったことを悔いています。というのも、彼らは健康被害を過小評価することで、それにともなう政府の政策にも影響を与え、被害の拡大に一役買ったからです。

東京ではなく福島で告訴したのも、同じ被災地の役人ならば、自分たちも県民が被りつづける被害を分かちあっていることを理解できるのではないかと思ってのこと。そうした期待もむなしく、告訴は突然東京地検に移され、安倍首相が東京オリンピック招致に成功した翌日の2013年9月9日、他の2件とともにあっさりと棄却されました。

そこで告訴団は検察審査会という機関に申立てすることにしました。この組織は、無作為に選ばれた11人の有権者と補佐役の弁護士1人からなるものです（アメリカの大陪審員制度に似ていますが、検察審査会は起訴の権限がありません）。このうち8人以上が東電の元幹部3人を「起訴相当」としたので、この案件は東京地方検察庁へ差し戻されたものの、再度不起訴となってしまいました。告訴団にとって最後の手段は、新たに構成された検察審査会でした。2015年7月、この委員会も同じ3人を「起訴相当」とみなしたので、強制起訴が実現しました。東京地裁は、前例のない5人もの「指定弁護士」を検察官役に任命しました。

初公判までには2年ほどの歳月を要しましたが、原発再稼働に固執する政権と、是が非でも不起訴を貫こうとする検察を鑑みると、刑事裁判に持ち込めたこと自体が奇跡に思えます。水俣病の場合、症状が現れてから1976年に熊本地検がチッソの責任者を起訴するまで、四半世紀近くかかりました。ついでに、ですが、これに先立つ民事裁判では、水俣病とは知られざる現象であったゆえ工場排水の健康影響は予測不可能という原告の訴えは退けられ、チッソには地域住民の生命や健康に対する「高度の注意義務」があったとした熊本地裁の判決は、福島原発事故の解釈にも無関係ではないでしょう。

水俣の前例は、法的、政治的、社会的に、福島の人たちにとって気づかされることが多い事象です。とはいえ、水銀汚染と放射能汚染は同じ現象ではないことにも武藤さんは注意を促します。交流が生み出した共感が、そうした違いを飛び越えて、水俣の給食に福島産の農産物を、という善意の申し出にもなりました。しかし、汚染されていない食材が送られる保証はなく、「食べて応援」や「風評被害」といった謳い文句を踏襲し、安全神話を助長しかねないのです。

告訴団は原発事故それ自体の責任追及を刑事裁判に持ち込むことができましたが、汚染水の海洋放出問題は、2013年に福島県警に刑事告発したものの、起訴には結びつきませんでした。放射性核種による海洋汚染は国際問題でもあるはずですが、法廷で裁かれることを頑《かたく》なに阻止しようとする国の姿勢が見受けられます。

次の一歩を見出すため、絶望と真実

「『自分がここで教えていることで、子供達を被曝させている』という罪悪感に日々苛まれています」（1）

「『危険だよ』『なんで逃げないの』という、福島を心配している他者の善意の言葉が、逆に福島に残っている人を苦しめています。僕も『お前がこどもたちを殺してんだ』と言われたことがあります」（2）

「避難したことで、避難をしなかった、できなかった知りあい・友人と精神的な溝・分断ができました」（3）

第一次告訴は、年齢や国籍を問わず、2011年3月に福島に暮らしていた人への呼びかけに始まりました。武藤さんが言う「被害者がみずからの被害を自覚し、言葉にあらわす」努力は、第一次告訴の陳述書の50編からなる『これでも罪を問えないのですか！』（金曜日、2013年刊）に結実しています。配置も斬新で、書き手の年齢により、事故当時7歳の子どもから87歳の女性までが登場します。こうした配列により、子どもたちが失ったものへの注意が誘われ、原発事故とその後の政府・東電の不誠実な対応によって狂ってしまったそれぞれのライフステージの悲しみ、怒り、そして拭い去れない不安が、具体的に読者の目前に立ちあらわれるのです。

みずからを被害者と認識したうえで他者の罪を問うことが勇気を要するならば、その根拠を文字で表し、書籍として白日の下に晒すのは、さらなる勇気が必要でしょう。この本には50人の陳述書が掲載されていますが、執筆者のうち26人は匿名で、イニシャルと居住地（あるいは避難先）、性別、そして場合によっては職種が記載されています。興味深いことに、書き手のうち33名が女性で、そのうち24名が匿名なのに比して、17名の男性のうち2名のみが匿名であること。告訴人全体で女性の数が多かったためなのか、それとも女性のほうが被った被害を人生経験に即してあざやかに語れるからなのか、知りたくなります。そして、出版には同意しながら、なぜ女性のほうが匿名を望んだのでしょう。

２０１１年の武藤さんのスピーチに出てくる「逃げる、逃げない」とは、福島の人たちが最初に迫られた決断です。その決断の結果がいかに深刻であるか、上記の陳述書の引用から読み取れます。（1）と（2）は福島に留まり、とりわけ子どもとかかわる仕事を続けることがいかに苦痛を孕むか、訴えています。前者は、特別支援学校教師の山内尚子さん、後者はお寺の住職で幼稚園の理事長でもある佐々木道範さんによるものです。佐々木さん自身、小さな子どもの父親でもあります。佐々木さんが、長崎から放射線健康リスク管理アドバイザーとして呼ばれた、「ニコニコ笑う人には放射線の影響は来ない」でお馴染みの山下俊一医師に、二本松市の砂場で彼自身の孫を遊ばせることができるか尋ねていたことを、武藤さんは記憶しています（佐々木さんとそのお連れ合いのるりさんは、鎌仲ひとみ監督のドキュメンタリー「小さき声のカノン」の主要登場人物です）。（3）の引用は、夫を福島に残し子どもと一緒に広島県に避難した、匿名希望の女性によるものです。

これらの声が一堂に掲載されていることの意義はなんでしょう。避難についての決断は分断のもとになりがちですが、この刊行物では、異なった選択をした人たちが互いを批判することなく、同じ告訴人として、避難のつらさであれ、残るつらさであれ、みずから被った被害について堂々と証言していることにあります。

「復興」の波が押し寄せるなか、さまざまに張りめぐらされた緊張関係が緩和されたとは言いがたい状況です。「復興」は、実感されるよりも外的世界の変貌に見られるのかもしれません。除染で取り除かれた表土を盛るために、新しく山を切り崩し、掘り出した土を運ぶトラック。帰還者の定着をねらい、コンビニエンスストアやコミュニティセンター建設の資材を運ぶトラック。埃《ほこり》の舞う道路で、普段使いのマスクさえも着用せず、何の防護もしていない若い女性が交通整理をしているのを、私たちはどう捉えればいいのでしょう。こうした仕事は得がたいに違いない。未来を切り開くとされる作業に対して、何年先のことか、いや、実際に罹患するかどうかもわからない病を理由に、異議を唱えることは難しいものです。

原発事故がもたらした健康不安には、二筋の強力な怖れが絡みあっています。ひとつは病気に罹《かか》ること自体への怖れ、そしてもうひとつは、広島・長崎の被爆者が体験した差別。この絡みあいは、政府が願ってもない相互監視と自己検閲を広めています。言うまでもないでしょうが、放射線は五感では感知できないことや、実際の健康被害も遅れて現れることが、不安の表現を形づくり、沈黙に追いやってしまうこともあります。告訴団の弁護人のひとりである河合弘之氏に言わせると、ジグソーパズルの真ん中に位置する一こまが欠けているような、奇妙な空白が、原発ＡＤＲや、１万人を超える原告を有する訴訟の中心を占めているのです。物質的、精神的苦痛に対する賠償を主な訴訟内容としていながら、ふるさとでの平穏な暮らしを蝕《むしば》む最たるものは健康不安なのに、それはなかなか言及されません。国が認める専門家が、診断された病気、とくに小児甲状腺がんと原発事故との関係は「考えにくい」と主張しつづけることが壁になっていることも確かです。原爆に始まり、原発事故に至って、被曝と健康被害の因果関係を証明する負担は被害者に課されてきました。それだけでなく、その証明も国内外の権力を有する専門家が設定したルールに沿ってなされなければならないという、とてつもなく高いハードルが設けられています。

河合氏がジグソーパズルの例えを持ち出したのは、「311甲状腺がん家族の会」による2016年3月12日の発足記者会見という画期的な場においてでした。彼とともに世話人の千葉親子氏（元会津坂下町議員）と牛山元美医師が登場し、充実した説明がありましたが、この会見を忘れがたいものにしたのは、主役である保護者の参加の仕方です。患者とその家族が公に姿を現すことがなかったなか、この会見は「カミングアウト」と銘打たれていました。実際は、記者は東京の会場に集まり、福島の父親二人とスカイプでつながるという仕組みで、しかも画面に映る父親の姿は首から下のみ、声も変換されていたのです。質疑応答では、ひとりの父親は白い服を着ていたので「白い服の方」、もうひとりは「黒い服の方」と指名されました。二人とも慎重に、痛ましいほど控えめに、子どもたちと体験したがんの診断と手術、その過程で説明されたこと、されなかったことについて語っています。そして、こう訴えてもいます。原発事故ががんの原因でないのなら、何が原因なのか知りたい、と。

勇気を奮い立てて登場した父親ですが、なぜ顔を隠さねばならなかったのでしょう。まるで彼らがなにか悪いことをしたかのように。なんびとも差別の種になりかねない傷害を無理に公表することはありません。実際に、原発事故がもたらした被害や不安を口にすることが「風評被害」と「福島差別」を助長し「復興」を妨げる、という強力な流れがつくられてきました。しかし、沈黙を課すことが社会の思いやりとされる限り、差別構造とともに実在する問題は、いかにして解消されうるでしょう。

2012年、広島原爆の被爆者である松本暁子《あきこ》さんは言いました。「多くの子どもたちがそうだったように、私も被爆者であることを言ってはいけない、と親に言われ、そうしてきました。もし、われわれ被爆者が、被爆者であることを隠さずに生きていたら、福島の事故は起きたでしょうか」

武藤さんも運動にとって、彼女自身にとって、事実をどう位置づけるか、考えつづけてきました。この点について問われて、彼女はこのように語っています。「放射能汚染と被曝は、非常に怖いこと」で「深刻な問題」。その事実から「目を背け」てほしくない一方、「恐怖に駆られてやる反対運動」を望んではいません。「そうじゃないものを自分たちで選」び、「創造的」なものを求めているのです。その一環として、事実を見つめ、そして絶望する。

「絶望もね、絶望としてきちんと絶望したいと思うんですよ」

絶望は希望に結びつくのでは、と聞き手から促されても、武藤さんは「私の場合はね、そういう、何というかな、あのぉ、知りたい人なんですね（笑）。事実を知りたい人なんですよ」

きちんと絶望せざるを得ないのは、「この国がしていること」、つまり、取り返しのつかないことが起こったことを認めず、命を優先する事後策を取ろうとしないため。時が経つにつれ、事実の否定は疲労困憊している人たちを巻き込み、みずから被害者であることを忘れさせ、子どもとともに危険に晒されつづける状況を、なし崩し的に選ばせているのでは。武藤さんはこの流れを認識しつつも、そこに追い込まれた人たちを批判はしません。

幾度でも思い起こしましょう。原発事故のショックがまだ生々しく、消耗し切っていたあの時期、6万人もの人が原発に反対するために集まったあのとき、彼女はこう言いました。

「私たち一人ひとりの、背負っていかなければならない荷物が途方もなく重く、道のりがどんなに過酷であっても、目をそらさずに支えあい、軽やかに、朗《ほが》らかに生きのびていきましょう」

8月15日に生まれた武藤さんは、その日を「人類」と結びつける両親により、「類子」と名づけられました。

［付記］

このエッセイは平野克也氏（カリフォルニア大学ロサンゼルス校、歴史学研究者）による武藤類子さんのインタビュー（https://apjjf.org/2016/17/Hirano.html）への序文として、オンライン雑誌 *The Asia-Pacific Journal : Japan Focus*（２０１６年９月１日）に発表されたものを宮本ゆき氏（デュポール大学）が翻訳し、筆者がさらに加筆訂正したものである。執筆時以降、東京地裁は東京電力の元幹部３名の被告に対し、誠意を欠く「全員無罪」判決を下し、東電と国は汚染処理水の海洋放出に焦っている。福島で起きた核災害はいまも進行中だ。安全な地から福島について語ることは心苦しい。「謝辞」とはお礼でもあり、お詫びでもあることを痛感する。武藤類子さん、いつも、いつもありがとうございます。宮本ゆきさん、類子さんに届けようと、この一文を訳してくださってありがとうございます。そして、大月書店の岩下結さんのおかげで、日本の読者の目にふれることを感謝いたします。

ノーマ・フィールド（Norma M. Field）シカゴ大学名誉教授（日本文学研究）。著書に『天皇の逝く国で』『祖母のくに』『へんな子じゃないもん』『源氏物語、〈あこがれ〉の輝き』（以上、みすず書房）、『小林多喜二』（岩波新書）。

おわりに

２０２０年の２月29日と３月１日に、私は仲間たちと「福島はオリンピックどごでねぇ！」というアクションをおこなった。「復興五輪」と位置づけられた２０２０年東京オリンピック・パラリンピックの、聖火リレー出発地点であるＪヴィレッジと、野球やソフトボールの予選会場であるあづま運動公園に集まり、10か国語で「福島はオリンピックどごでねぇ！」と訴えたプラカードを掲げた。私はその朝、集まった人々に向かって次のようなあいさつをした。


原発事故から９年、いま県内の報道や雰囲気は聖火リレーをはじめとして、オリンピック一色となっています。

オリンピックのために日夜努力を重ねているアスリートがいます。

聖火リレーに希望を託し、懸命に走ろうとしている中学生がいます。

聖火リレーや野球の観戦を楽しみにしている人もいるでしょう。

でも、なぜ私たちがこのようなアクションをせざるを得ないのか。
それは「福島はオリンピックどころではない」と思うからです。
原発事故は収束していますか？
汚染水はコントロールされていますか？
排気筒の解体に、いったい何回人が登ったのですか？
被害者の賠償は、きちんとされましたか？
被害者の生活は元に戻りましたか？
福島の産業は元に戻りましたか？
ほんとうに復興に役立つオリンピックなのですか？
アスリートや住民を被曝させることはほんとうにないですか？
多くの問題が山積している中で、福島県民は在住者も避難者も必死で生きています。
皆が原発事故からのほんとうの復興を望んでいます。

いま、この福島で最優先されるべきは何でしょうか。

莫大なお金がこのオリンピック、聖火リレーにつぎ込まれています。さまざまな問題がオリンピックの陰に隠され、遠のいていきます。オリンピックが終わった後に、何が残るのかとても不安です。

私たちは、うわべだけの「復興した福島」を知ってほしいのではなく、たった9年では解決できない問題が山積した、とても苦しい、とても大変な原発事故の被害の実情こそを、世界の皆さまに知ってもらいたいです。

このアクション名は、新聞で読んだ帰還困難区域からの避難者の言葉、「すべてを失い、先も見えない中で、オリンピックどこでねえ」から使わせてもらった。福島県は聖火リレーの選定と運営費だけでも2億4000万円を支出している。延期になったにもかかわらずだ。ほぼ広告代理店「電通」の随意契約である。そのようなお金は本来どこに使われるべきだったのか。聖火リレーコースとその周辺は、依然として高い放射線量を示す場所があることが明らかになっている。もし新型コロナのために聖火リレーが延期にならなければ、そのような中を小中学生を含むリレー走者が走らされていたのだ。

Jヴィレッジは、福島第一原発7・8号機の増設を認めてもらうために東電が福島県に寄付したものだと言われている。原発事故後、原発作業員の拠点として使われたのち、2018年に福島県に返却された。当然、除染をして返却したのだと思われていたが、実は東電は「除染」ではなく、毎時2・5マイクロシーベルト以内という、もっと緩い基準の「原状回復工事」しかおこなっていなかった。しかも、その際に出た指定廃棄物並みの放射性廃棄物を密かに敷地内に保管していて、福島県もその事実を隠し通すよう東電に求めていた。原発行政に関しては県も共犯者である。

安倍晋三前首相の「アンダーコントロール」という嘘から始まったオリンピックは、さまざまな問題を引きずったまま、今年も開催に向けて敷かれたレールの上を走っている。新型コロナ感染拡大が新たな局面を迎えているいま、福島どころか日本中、そして世界中がオリンピックどころではないだろう。なのに、いまだ「開催ありき」でことが進んでいるありさまに、この国がどこに行こうとしているのか、何をめざしているのかをあらためて疑う。

「いったい何のために？　誰のために？」

オリンピックの件だけでなく、この10年間に同じ疑問をさまざまな場面で何度も感じた。もしかしたら、どこかの誰かが事故の直後から描いたシナリオに沿って、決められた結論に向かってすべてが動いているのではないかと。

原発事故直後、私は衝撃の中にも、ある期待を持った。

ようやくこれで、日本の原発はなくなるだろう。

エネルギーの使い方を反省し、人々は暮らし方を工夫していくだろう。

これ以上の環境破壊をやめ、おびただしい量の核のゴミについて、国民全体が本気で考えることになるだろう。

原爆や核実験の教訓をもとに、長い時間をかけずに被害者は救済されるだろう。

適切なゾーニングがおこなわれ、残念にも居住ができない地域が生まれるが、人々の健康はなんとか守られるだろう。

原発の過酷な収束作業を担う作業員には、公務員のような待遇や健康管理が保障されるだろう。

子どもたちの公的な「保養」を国が組織し、健康被害の調査と健康維持管理が適切におこなわれるだろう。

しかし、その思いはやがて幻想だったと思い知った。これらの実現はそんなに難しいことだったのだろうか。

事故後1年を過ぎたころに、おぼろげながら感じていたこと。

真実は隠されるのだ

国は国民を守らないのだ

事故はいまだに終わらないのだ

福島県民は核の実験材料にされるのだ

莫大な放射性のゴミは残るのだ

これらのことは、10年という月日の中で、さらに具体的に現実となって目の前にあらわれてきた。

いまも原発は重要なベースロード電源と位置づけられ、地球温暖化対策にも利用される勢いだ。西のほうから始まった原発の再稼働は、東海第二、女川、柏崎刈羽と、福島のまわりにも迫っている。六ヶ所村の再処理工場も再開に向けて動きだしている。事故を起こした東電までも、その責任を取らぬまま原発を再稼働しようとしていることに愕然とする。福島県は再生可能エネルギーの推進を謳っている。原発に頼らない代替エネルギーは確かに必要だ。しかし、そのために起きていることは、メガソーラーや巨大な風車を建てるためとして山の木を皆伐し、放射能で汚染された木を木質バイオマス発電で燃やすなどというものだ。原発がなくなっても、別の環境破壊が生まれるのでは意味がない。

福島第一原発で発生したALPS処理汚染水について、国は海洋放出が唯一の処分方法だと結論づけ、漁業者や県民の反対を無視し、海へ流そうと躍起になっている。また、除染土を全国の道路や農地で再利用しようという計画も立てられている。農地に除染土を埋め、覆土して植物を栽培しようというのだが、はじめは花や燃料用途の植物など、食べない植物の栽培だったものが、いつのまにか野菜の栽培になり、さらには覆土もせず栽培するという実験がされている。

事故から1年後の国会で、全会一致で成立した議員立法による「子ども・被災者支援法」に大きな期待を寄せたが、自民党政権に代わると支援法は空文化され、その理念はことごとく無視された。避難指示解除とともに避難者への賠償や支援はどんどん打ち切られ、多くの避難者は大変な努力で自立しなければならなくなった。しかし、避難による就職の困難、生活苦、精神的重圧によって、自立したくてもできない人々もいる。国家公務員住宅を退去できずに家賃を払って住んでいた世帯に対して「期限が来たので退去せよ」「２倍の家賃を支払え」「退去しなければ裁判に訴える」と請求書を送りつけ、親や親族にまで文書を送ったり訪問したりすることを福島県がおこなった。そもそも原発事故がなければ転居をする必要はなかった。彼らの状況は自己責任なのだろうか。責任があるとすれば、それは真っ先に東電と国にあるはずだ。

その東電の事故当時の経営陣に対する刑事責任について、２０１９年、東京地裁は「全員無罪」と判決した。

子どもたちの甲状腺の状態を把握し、健康を長期的に見守るために始められた甲状腺検査について、過剰診断であるとか、学校検診は強制的であると訴え、検査の縮小を主張する人たちがいる。現時点では甲状腺がんの多発の原因を結論づけるには早すぎ、長期間にわたるサポートが必要だ。

福島第一原発から４キロのところに建てられた「東日本大震災・原子力災害伝承館」は、帰還困難区域の真ん中にある。若者や子どもたちに事故を伝承する場所としては危険すぎるし、その展示は事故の責任や教訓について十分とはとても言えない。「リスクコミュニケーション」の名のもとに、放射線をむやみに怖がらなくてもよいという教育や宣伝が、さまざまなところで展開されている。

「福島イノベーションコースト構想」の一環で、福島第一原発周辺に国際教育研究拠点の建設が計画されているが、これはアメリカのワシントン州にあるハンフォード核施設周辺地域をモデルにするとしている。ハンフォードは長崎原爆の材料となるプルトニウムが精製された場所であり、冷戦下でも核開発が進められ、住民に意図的に放射性物質を拡散させる実験や、コロンビア川への大量の放射性物質の流出、地下に保管する放射性廃液が漏れる事故を起こすなど、アメリカで一番汚染された場所とも言われている。その後、環境浄化の研究機関や企業が集積し、産業が著しく発展したために、「失われた浜通り」が産官学の連携によって産業基盤を回復するモデルにふさわしいと謳われている。このハンフォード核施設のベッドタウンであるリッチランドという町の高校の校章は「きのこ雲」だ。高校生たちや町の人は、この校章を「原爆が戦争を終わらせ、多くのアメリカ人の命を救った」ことの象徴として誇りにしているなど、原子力礼賛の空気がいまもある。

原発事故前の福島の原発立地地域でも、やはり東電を「東電さま」と呼ぶなどの原子力礼賛の傾向があった。原発事故によって安全神話が崩れ、大きな犠牲を払いながらようやく原子力の呪縛から解放されたにもかかわらず、浜通りをふたたび原子力業界に依存した地域に回帰させ、そうして事故の被害についても口封じしてしまうのではないかと危惧する。

ある雑誌で、避難解除地域の役場の新庁舎完成のイベントに、スタッフが着ていたジャンパーの背中に書いてあった「ふりむく　ひまがあったら　まえにすすめ」という文字を見たとき、怒りで震えが止まらなかった。「まだ、何も終わってなどいないではないか！」「現実に目をつぶって前へ進むことなどできない」「被害者をどこまでバカにするのだ」と。

事故の被害を不可視化し、被害者を切り捨て、放射線防護を大幅に緩め、原発事故の責任をあいまいにし、原発関連企業に利権を許し、その復活と存続をねらっている。これが10年の月日をかけて、周到に準備されてきた結果なのだろうか。

でも私は、仕方がない、こんなものだとあきらめることなど絶対にしたくない。

この複雑で見えにくくなった現実に対して、私たちがいまからでもしなければならないことがある。

地球を構成する一員として、これからその存続を担う子どもたちの命と健やかさ、賢明さを守ること。

原発事故の責任と真実を明らかにして、その教訓をしっかりと伝承すること。

原発の収束・廃炉作業を、前の時代を反省し、新しい時代を迎えるための壮大な価値ある後始末だと位置づけ、安全を確保し時間をかけた作業にすること。

すべての被害者が生活を取り戻し、幸せに生きられるサポートを考えること。

省エネや暮らしのありかた、エネルギー政策のありかたを問うこと。

これ以上の環境破壊をしないこと。

それらの議論に常に国民が、とくに若者が参加できること。


私たちは、あらゆる生命の住処であるこの星を、これ以上破壊せずに保っていけるだろうか。これからの時代を生きる私たち、そして未来の世代には、いままで以上に高くそびえる峰々が迫ってくるだろう。頂上からの絶景を夢見て、ひと息に登りきることなどできない。ある日突然霧が晴れ、何もかもが澄みわたった、憂いのない風景が広がるわけではない。一歩一歩ゆっくりと、道端の花を見つけるように進んでゆこう。今日も世界中に、あきらめない人々がたゆまず歩みを進めているように。

できることをひとつずつ、軽やかに、朗らかにやっていこう。
人類は少しずつなのだ、時間がかかるのだ。

この本を企画し、私に原発事故からの日々を振り返る機会をくださった大月書店の岩下結さんにはたいへんお世話になりました。ありがとうございます。また、事故直後から福島へ何度も足を運び発信を続けてくださり、今回文章を寄せてくださったノーマ・フィールドさんと、共訳の宮本ゆきさんに心からお礼申し上げます。
そして、今日まで励まし助けあいながらともに活動を続けてきた、原発事故前からの運動の仲間、事故がなければ知りあうことがなかっただろう多くの方々に、いつもそばで助けてくれる友人と家族に、深く感謝いたします。

著者

福島原発告訴団の歩み

福島原発告訴団ウェブサイト（http://kokuso-fukusimagenpatu.blogspot.com/p/blog-page_10.html）より作成

2012年	3月16日	福島県いわき市にて結成集会
	4月～6月	福島県内外の20か所で第一次告訴説明会を開催
	6月11日	1324人の福島県民で福島地検に第一次告訴を行う（2012年告訴）
	7月～9月	第二次告訴に向けて、全国事務局10か所の立ち上げ（北海道、東北、北陸、甲信越、関東、中部、静岡、関西、中四国、九州・沖縄）
	7月～11月	全国150か所以上で第二次告訴説明会開催
	9月22日	全国集会（いわき市文化センター）
	11月15日	全国・海外から1万3262人が福島地検に第二次告訴を行う
2013年	1月	福島地検へ3人の事情聴取を要請し、調書が作成された 「厳正な捜査と起訴を求める緊急署名」の呼びかけを行う
	2月22日	東京地検前行動、東電前行動 東京地検へ第一次署名4万265筆を提出
	2月25日	福島地検へ第一次署名の控えを提出
	3月13日	東京地検へ第二次署名6万3501筆を提出
	3月19日	福島地検への要請行動、第二次署名の追加提出
	3月25日～29日	福島地検前でランチタイム「激励」アピール行動、署名提出。署名総合計10万9061筆
	4月27日	第2回総会・全国集会（郡山市労働福祉会館）
	5月31日	日比谷野音にて全国集会、東京地検前行動、東電前行動
	6月12日	日隅一雄・情報流通促進基金奨励賞を受賞
	8月31日	ブックレット『これでも罪を問えないのですか！』（金曜日）発行
	9月 3日	汚染水海洋放出事件で福島県警に刑事告発
	9月 9日	東京地検が不起訴処分を決定
	9月13日	不起訴処分に対する緊急集会（東京都・弁護士会館）
	9月25日	「不起訴」理由説明会＆記者会見（福島市市民会館）
	10月11日	福島県警が汚染水海洋放出事件告発を受理
	10月16日	東京検察審査会に申立て
	11月22日	東京検察審査会に第二次申立て

	12月17日	日本外国特派員協会にて記者会見
	12月18日	福島県警に汚染水海洋放出事件で第二次告発
2014年	1月20日	福島県警が第二次告発を受理
	2月18日	ブックレット出版記念メディア懇談会（弁護士会館）
	3月 1日	被害者証言集会（東京都・豊島公会堂）
	4月28日	ふくしま集会「深刻化する汚染水問題！」福島市内デモ行進、福島県警本部に上申書提出
	6月 1日	『被害者証言集』発刊
	6月 2日	脱原発原告団全国連絡会呼びかけ記者会見（東京都）
	6月 4日	地裁前「人間の鎖」＆集会「東京検察審査会は被害者の声を聞け!」
	6月 5日	「政府事故調ヒアリング記録・資料の情報公開請求について」記者会見、内閣府へ情報公開請求を行う
	6月28日	第3回告訴団総会、石丸小四郎副団長記念講演（郡山市文化センター）
	7月15日	検察審査会事務局からの質問に回答する上申書など提出
	7月31日	東京第五検察審査会が、勝俣元会長など3人に「起訴相当」、1人に「不起訴不当」の議決。東京地検が再捜査を開始する
	8月 8日	東京地検要請行動・上申書提出、東電前打ち水行動
	8月27日	福島県警激励行動・デモ、上申書提出
	9月30日	「起訴へ！」院内集会＆東京地検包囲行動、上申書提出
	10月24日	東京地検が捜査期限を最大3か月延長すると発表
	11月16日	「もう我慢はしない！立ち上がる 原発事故被害者集会」を県内外30団体合同で開催（福島市公会堂）
	12月 9日	東京地検に新証拠に基づく上申書を提出
	12月12日	院内集会「起訴を！」対談「検察は、起訴すべきである」東京地検包囲行動・東電前抗議行動、東電に申入書提出
	12月25日	「不起訴は許さないぞ！」東京地検前緊急行動
2015年	1月13日	新たな告訴・告発「2015年告訴」を東京地検に行う
	1月22日	東京地検が勝俣元会長ら4人を再度不起訴にする 東京第五検察審査会が二度目の審査を開始する
	2月15日	「あきれ果ててもあきらめない！福島県集会」を開催（郡山市・ビッグパレットふくしま）
	3月24日	「がんばれ検察審査会！」検察審査会激励行動＆院内集会を開催
	4月 3日	東京地検が「2015年告訴」の不起訴処分を決定
	4月 6日	検察審査会に添田孝史さんの意見書を提出

4月13日　東京地検抗議・検察審査会激励の緊急行動
4月21日　新証拠「津波浸水予測図」についての上申書提出
4月30日　「2015年告訴」の検察審査会申立てと激励行動
5月12日　『これでも罪を問えないのですか！』英訳版電子書籍発行
5月21日　検察審査会激励行動＆院内集会
5月24日　原発事故被害者団体連絡会（ひだんれん）設立、告訴団も参加。
設立集会を二本松市の福島県男女共生センターで開催
6月18日　検察審査会激励行動、東京第五検審に上申書提出
6月26日　東京第一検審と第五検審にそれぞれ上申書提出
6月27日　第4回告訴団総会、神田香織さん記念講演（いわき市労働福祉会館）
7月17日　検察審査会激励行動＆院内集会
7月27日　ひだんれん福島県民集会＆県申入れ行動に参加（福島市）
7月31日　東京第五検察審査会が起訴議決を発表、勝俣元会長ら3名の強制起訴が決定
8月19日　東京第一検察審査会激励行動＆院内集会
8月21日　東京地裁が指定弁護士3名を選任（のち2名追加される）
9月 5日　福島県郡山市で「福島県集会」開催
9月25日　東京第一検察審査会激励行動、上申書提出
10月 2日　福島県警が汚染水告発の被疑者らを福島地検に書類送検
10月30日　東京第一検察審査会激励行動＆院内集会
12月10日　東京第一検察審査会激励行動
12月17日　福島地検前行動＆県内集会、上申書提出
2016年　1月30日　福島原発刑事訴訟支援団発足、「発足のつどい」開催
2月 1日　福島地検前行動＆県内集会、上申書提出
2月29日　指定弁護士が起訴状を提出（強制起訴）、公判請求する
3月14日　指定弁護士が証拠の一覧を被告人側に交付、請求されれば交付すると通知
東京地裁には早急に裁判を開くよう要請
4月 9日　「ひろげよう！福島原発刑事訴訟支援団4.9福島集会」
4月27日　東京地裁が公判前整理手続を行うと決定
5月27日　「ただちに公判を開け！原発事故被害者集会」
11月27日　第5回告訴団総会、福島原発刑事訴訟支援団集会「1日も早く裁判を！」
2017年　1月29日　「支援団結成1周年集会」
3月21日　「1日も早く裁判を！」東京地裁前行動

3月29日　第1回東京地裁前要請行動
4月28日　第2回東京地裁前要請行動
5月18日　第3回東京地裁前要請行動
6月 6日　第4回東京地裁前要請行動
6月30日　第1回公判（初公判）
7月17日　「初公判福島報告会」
9月 2日　「東電元幹部刑事裁判が始まった！ 9.2東京集会」
10月29日　「初公判報告会・会津」
11月 5日　「初公判報告会・郡山」
11月19日　「初公判報告会・福島」
2018年 7月11日　第20回公判、告訴団・告訴団弁護団・支援団が「東京電力福島原発事故刑事訴訟の現場検証等に関する要請書」を東京地裁に提出
9月 2日　「予見できた！回避できた！東電刑事裁判報告会in郡山」
9月30日　「予見できた！回避できた！東電刑事裁判報告会in東京」
12月26日　第35回公判（論告・求刑）
12月27日　第36回公判（被害者代理人意見陳述）
2019年 1月13日～2月3日　「東電刑事裁判・ふくしま連続報告会」
3月12日　第37回公判（最終弁論）
4月21日　「厳正判決を求める福島県集会」
7月31日～8月30日　「有罪判決を求める！福島県内連続集会」
9月 1日～7日　判決前キャラバン（連続街頭アピール行動）
9月 8日　「真実は隠せない―有罪判決を求める！東電刑事裁判　判決直前大集会」
9月19日　第38回公判（判決言渡し）
9月30日　指定弁護士が控訴申立て
11月 4日　「地裁判決を許さず逆転有罪判決をめざす福島県集会」
11月11日　「地裁判決を許さず逆転有罪判決をめざす全国集会」
2020年 8月22日　「東電刑事裁判　どうなる東京高裁の審理　そして福島の現状」
9月11日　指定弁護士が控訴趣意書を提出
10月 9日　「東電刑事裁判　控訴審の勝利をめざすオンライン集会」
2021年 1月24日　「原発事故から10年　ここまで明らかになった真実」オンライン集会

著者　武藤類子（むとう るいこ）

1953年生まれ。福島県三春町在住。養護学校教員などを経て，2003年に開業した里山喫茶「燦（きらら）」を営みながら反原発運動に取り組む。3.11原発事故発生後，「さようなら原発5万人集会」でのスピーチが反響をよび『福島からあなたへ』（大月書店）として書籍化。2012年に結成した福島原発告訴団の団長として全国に告訴運動をよびかけ，以後も東京電力の責任を問う活動を継続している。原発事故被害者団体連絡会（ひだんれん）共同代表，3・11甲状腺がん子ども基金副代表理事。他の著書に『どんぐりの森から』（緑風出版）。

写真　佐藤真弥
ブックデザイン　後藤葉子（森デザイン室）
DTP　編集工房一生社

10年後《ねんご》の福島《ふくしま》からあなたへ

2021年2月15日　第1刷発行

定価はカバーに表示してあります

著者　武藤類子
発行者　中川　進

〒113-0033　東京都文京区本郷2-27-16
発行所　株式会社　大月書店
印刷　三晃印刷
製本　中永製本

電話（代表）03-3813-4651　FAX 03-3813-4656　振替00130-7-16387
http://www.otsukishoten.co.jp/

ISBN978-4-272-33101-7　C0036　Printed in Japan